U0272610

奇石鉴藏全书

沈 泓 编著

全国百佳出版社
中央编译出版社
Central Compilation & Translation Press

图书在版编目 (CIP) 数据

奇石鉴藏全书 / 沈泓编著. —北京：中央编译
出版社，2017.2
（古玩鉴藏全书）
ISBN 978-7-5117-3128-9

Ⅰ. ①奇… Ⅱ. ①沈… Ⅲ. ①石－鉴赏－中国②石－
收藏－中国 Ⅳ. ①TS933.21②G262.9

中国版本图书馆 CIP 数据核字 (2016) 第 235914 号

奇石鉴藏全书

出 版 人：葛海彦
出版统筹：贾宇琰
责任编辑：邓永标　舒　心
责任印制：尹　珺
出版发行：中央编译出版社
地　　址：北京西城区车公庄大街乙 5 号鸿儒大厦 B 座 (100044)
电　　话：(010) 52612345（总编室）　　(010) 52612371（编辑室）
　　　　　(010) 52612316（发行部）　　(010) 52612317（网络销售）
　　　　　(010) 52612346（馆配部）　　(010) 55626985（读者服务部）
传　　真：(010) 66515838
经　　销：全国新华书店
印　　刷：北京鑫海金澳胶印有限公司
开　　本：710 毫米 × 1000 毫米　1/16
字　　数：350 千字
印　　张：14
版　　次：2017 年 2 月第 1 版第 1 次印刷
定　　价：79.00 元

网　　址：www.cctphome.com　　　邮　　箱：cctp@cctphome.com
新浪微博：@中央编译出版社　　　微　　信：中央编译出版社 (ID: cctphome)
淘宝店铺：中央编译出版社直销店 (http://shop108367160.taobao.com) (010) 52612349

凡有印装质量问题，本社负责调换，电话：010-55626985

前言

　　中国是世界上文明发源最早的国家之一，也是世界文明发展进程中唯一没有出现过中断的国家，在人类发展漫长的历史长河中，创造了光辉灿烂的文化。尽管这些文化遗产经历了难以计数的天灾和人祸，历尽了人世间的沧海桑田，但仍旧遗留下来无数的古玩珍品。这些珍品都是我国古代先民们勤劳智慧的结晶，是中华民族的无价之宝，是中华民族高度文明的历史见证，更是中华民族五千年文明的承载。

　　中国历代的古玩，是世界文化的精髓，是人类历史的宝贵的物质资料，反映了中华民族的光辉传统、精湛工艺和发达的科学技术，对后人有极大的感召力，并能够使我们从中受到鼓舞，得到启迪，从而更加热爱我们伟大的祖国。

　　俗话说："乱世多饥民，盛世多收藏。"改革开放给中国人民的物质生活带来了全面振兴，更使中国古玩收藏投资市场日见红火，且急遽升温，如今可以说火爆异常！

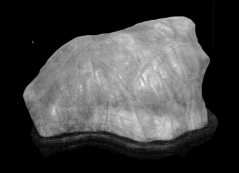

　　古玩收藏投资确实存在着巨大的利润空间，这个空间让所有人闻之而心动不已。于是乎，许多有投资远见的实体与个体（无论财富多寡）纷纷加盟古玩收藏投资市场，成为古玩收藏的强劲之旅，古玩投资市场也因此而充满了勃勃生机。

　　艺术有价，且利润空间巨大，古玩确实值得投资。然而，造假最凶的、伪品泛滥最严重的领域也当属古玩投资市场。可以这样说，古玩收藏投资的首要问题不是古玩目前的价格与未来利益问题，而应该说是它们的真伪问题，或者更确切地说，是如何识别真伪的问题！如果真伪问题确定不了，古玩的价值与价格便无从谈起。

　　为了更好地解决这一问题，更为了在古玩收藏投资领域仍然孜孜以求、乐此不疲的广大投资者的实际收藏投资需要，我们特邀国内既研究古玩投资市场，又在古玩本身研究上颇有见地的专家编写了这本《奇石鉴藏全书》，以介绍奇石专题的形式图文并茂，详细阐述了奇石的起源、发展历程、奇石的分类和特征、收藏技巧、鉴别要点、保养技巧等。希望钟情于奇石收藏的广大收藏爱好者能够多一点理性思维，把握沙里淘金的技巧，进而缩短购买真品的过程，减少购买假货的数量，降低损失。

　　本书在总结和吸收目前同类图书优点的基础上进行撰稿，内容丰富，分类科学，装帧精美，价格合理，具有较强的科学性、可读性和实用性。

　　本书适用于广大奇石收藏爱好者、国内外各类型拍卖公司的从业人员，可供广大中学、大学历史教师和学生学习参考，也是各级各类图书馆和拍卖公司以及相关院校的图书馆装备首选。

编者

2016年11月于北京·阅园

目录

第一章

观赏石漫谈

△ 相濡以沫

玛瑙石　关明辉藏

一
走近观赏石

　　赏石文化的源头在中国，千百年来，国人的爱石、收石、藏石、品石之风源远流长，形成了一种传统的赏石文化，进而影响到海外诸国家和地区，时至今日，赏石渐成国际潮流。据统计，全世界至少有2000万天然观赏石爱好者，并成立了国际爱石协会、国际自然艺术石爱好者协会等国际性赏石团体。

　　在大千世界诸多藏品中，观赏石收藏恐怕是最具魅力的。因为大自然不会造就两块相同的观赏石头，一经发现，便独一无二，有无与伦比的收藏和审美价值。

　　欣赏观赏石，要观石形之均衡比例，线条走向、力点、动感等；观石之质地变化、纹理变化、色度浓淡；观石之沧桑痕迹、古朴韵味、文化内涵等。

◁ **仙山景观**

昆石鸡骨峰　25厘米×35厘米　张洪军藏

△ 幸福家园

长江石　90厘米×85厘米　魏昌桥藏

△ 石锤　旧石器时期

17厘米×8厘米　沈泓藏

　　"花如解语还多事，石不能言最可人"，观赏石也称雅石，大致可分造型石、纹理石、矿物晶体石、生物化石、陨石五类。观赏石的特点，要具有形态美、色彩美、神韵美。一块佳石，是无言的诗、不朽的画，是无声的歌、不歇的舞。的确，那一枚枚灵秀神奇的观赏石，无不是大自然的神来之笔。这些天然艺术品，散发着天地的神秘和灵气，赢得人们的无限爱恋。爱石藏石不仅是人们崇尚自然、崇尚美的自然体现，而且还能养性怡情、美化居室、装点环境。欣赏雅石，能使人产生无数美好的情思与遐想，达到"人石交融"的通灵境界，堪称一石在手，其乐融融。

△ 石锤　旧石器时期

15厘米×11厘米　沈泓藏

△ 石刀　旧石器时期

13厘米×8厘米　沈泓藏

△ 石斧　新石器时期

13厘米×8厘米　沈泓藏

△ 屈原

戈壁玛瑙石　10厘米×7厘米　关明辉藏

　　我国玩石藏石之风可谓自古有之，它始于汉代，盛于唐宋。如今，随着人民生活水平的提高，玩石藏石之风遍及全国，异彩纷呈的雨花石、黄蜡石、墨石、钟乳石、彩陶石、大理石、河卵石、古陶石等观赏石，纷纷进入寻常百姓人家，玩石市场前景广阔。

　　那么，怎样选择观赏石呢？鉴赏家们普遍认为，观赏石的收藏价值关键在于"奇"。人们在长期玩石中积累了"瘦、漏、透、奇、皱、丑"六字诀，其意谓：石峭清奇、纹理华丽、秀漏灵动、自然朴真、丑而不陋，这类石头就有观赏和收藏价值。观赏石讲究天然，最忌雕琢。常以形、色、质三方面来衡量鉴定。观赏石鉴赏有所不同，它的审美价值不在于一般意义上的美，而注重"奇特怪异"：或石形奇异，或石纹奇特，或石色奇丽，越奇越值得收藏，越奇越有经济价值。

▷ **玉珠满盘**

葡萄玛瑙石　　13厘米×9.5厘米　　关明辉藏

◁ **雷鸟**

玛瑙石　　10.5厘米×10厘米　　关明辉藏

　　观赏石还往往以丑为美，刘熙载在《艺概》一书中说："怪石以丑为美，丑到极处，便是美到极处。"当代作家贾平凹写的著名散文《丑石》，反映的也是这样的审美观。在人们的藏品中，最常见的人物形象石、飞禽走兽石、花鸟虫鱼石等都属于造型石，形象完整逼真、线条明晰流畅、石质纯净的为上品。而像雨花石、大理石、三峡石、菊花石等，表面呈现出山水、人物、花鸟、文字等图像，则属于纹理石，其图案清晰、色泽天成、意蕴深刻、对比度强的即为上品。

　　赏石文化是一种发现的艺术，也是一种心境艺术。闲时常到郊外溪涧去采石，或到市场上选购几块观赏石，经过一番清理与思索，再配制紫檀或黄杨木、红木座架，或置于艺盘中，就能成为一件件素雅别致又富创意的艺术品。但见雨花石清幽淡雅、钟乳石晶莹多姿、菊花石五彩斑斓、矿晶石玲珑剔透。那绚丽的色彩、流畅的花纹，或似人若马、栩栩如生；或小桥流水，天然成画，真可谓一石一世界，一石一永恒。它是掌中山河，案上乾坤，令人百看不厌，爱不释手。饭后茶余，细细品味，可领略到无穷情趣。

△ **神狮**

葡萄玛瑙石　13厘米×10厘米　关明辉藏

二
中国赏石文化溯源与发展态势

从某种意义上说，一部浩如烟海的人类文明史，也就是一部漫长的由简单到复杂、由低级到高级的石文化史。人类的祖先从旧石器时代利用天然石块为工具、当武器，到新石器时代的打制石器；从营巢穴居时期简单地利用石头为建筑材料，到现代化豪华建筑中大量应用的花岗岩、大理石装饰材料；从出土墓葬中死者的简单石制饰物，到后来的精美石雕和宝玉石工艺品；各种石头始终伴随着人类从蛮荒时代逐步走向现代文明，直至久远的未来。古今一切利用石头的行为及其理论，就构成了石文化的基本内容。从这个意义上说，石文化现象不分古今中外，是全人类所共有的。

△ 水月观音

葡萄玛瑙石　19厘米×19厘米　关明辉藏

△ 白菊

三峡菊花石　23厘米×30厘米　庸群藏

赏石文化则是人类石文化现象中的一个重要分支，其基本内容是以天然石块（而非石制品）为主要观赏对象，以及为观赏天然观赏石而总结出来的一套理论、原则与方法。因此，其发展历史要比广义的石文化史要年轻得多、晚得多。而且由于东西方民族在历史和文化背景方面的显著差异，东方赏石文化与西方赏石文化是分别经历了各不相同的发展道路而形成的，其内容和特色在许多方面也截然不同。一般来说，东方赏石文化比较注重人文内涵和哲理，有比较抽象的理念和人格化的感情色彩，其观赏主体（自然石种、天然石形）往往丰富多彩，甚至可随心所欲、因人而异；而西方赏石文化则比较注重科学和历史的内涵，有比较直观、明确和科学的理念，其观赏主体常以各种动植物化石和多姿多彩的矿物晶体与标本为主。因此，可以这样认为：东方赏石文化实际上是东方民族传统文化（感情、哲理、信念和价值观）在观赏石领域中的反映与延伸；而西方赏石文化则主要是某些科学、技术的基本知识在具观赏价值的自然物（石头）方面的展示和印证。

△ 白牡丹

戈壁玛瑙石组合　19厘米×19厘米　关明辉藏

△ 八仙石

葡萄玛瑙石　9.5厘米×8厘米　关明辉藏

△ 南海观音

长江石　45厘米×25厘米　张子忠藏

中国是东方赏石文化的发祥地。在以自然观赏石（而非石制品）为欣赏对象的活动方面，中国历史上有文字记载的，至少可追溯到三千多年前的春秋时代。据《阙子》载："宋之愚人，得燕石于梧台之东，归而藏之，以为大宝，周客闻而观焉。"其实，远在此前的商、周时代（公元前20世纪），作为赏石文化的先导和前奏—赏玉活动就已十分普及。据史料载：周武王伐纣时曾"得旧宝石万四千，佩玉亿有万八"。而《山海经》和《轩辕黄帝传》则进一步指出：黄帝乃我国之"首用玉者"。由于玉产量太少而十分珍贵，故以"美石"代之，自在情理之中。因此，中国赏石文化最初实为赏玉文化的衍生与发展。《说文》云："玉，石之美者。"这就把玉也归为石之一类了。于是观赏石、怪石后来也跻身宝玉之列而成了颇具地方特色的上贡物品。《尚书·禹贡》曾载：当时各地贡品中偶有青州"铅松怪石"和徐州"泗滨浮磬"。显然，这些三千多年前的"怪石"和江边"浮磬"都是作为赏玩之物被列为"贡品"的。很可能这就是早期的石玩，即以天然观赏石（而非宝玉或石雕、石刻制品）为观赏对象的可移动玩物。

△ 远古

三峡龟纹石　26厘米×24厘米　庸群藏

△ 岁月老人

三峡藤纹石　14厘米×18厘米　庸群藏

　　随着社会经济的发展、园圃（早期园林）的出现，赏石文化首先在造园实践中得到了较大的发展。从秦、汉时代古籍、诗文所描述的情境得知，秦始皇建"阿房宫"和其他一些行宫，以及汉代"上林苑"中，点缀的景石颇多。即使在战乱不止的东汉（1—2世纪）及三国、魏晋南北朝时期（3—6世纪），一些达官贵人的深宅大院和宫观寺院都很注意置石造景、寄情物外。东汉巨富、大将军梁冀的"梁园"和东晋顾辟疆的私人宅院中都曾大量收罗奇峰怪石。南朝建康同泰寺前的三块景石，还被赐以三品职衔，俗称"三品石"。南齐（5世纪后叶）文惠太子在建康造"玄圃"，其"楼、观、塔、宇，多聚异石，妙极山水"（《南齐·文惠太子列传》）。1986年4月，考古学家在山东临朐发现北齐天保元年（550）魏威烈将军长史崔芬（字德茂，清河东武人）的墓葬，墓中壁画多幅都有奇峰怪石。其一为描绘古墓主人的生活场面，内以庭中两块相对而立的景石为衬托，其石瘦峭、皴皱有致，并配以树木，表现了很高的造园、缀石技巧。这幅壁画，比著名的唐朝武则天章怀太子墓中壁画和阎立本名作《职贡图》中所绘树石、假山、盆景图，又提早了一百多年。可见，中国赏石文化早在2世纪中叶的东汉便开始在上层社会流行；到南朝（5—6世纪），已达相当水平。

△ 霸桥赠袍

三峡画面石　56厘米×59厘米　刘青年藏

△ 外星人

三峡藤纹石　17厘米×12厘米　庸群藏

　　6世纪后期开始的隋唐时代，是中国历史上继秦汉之后又一社会经济文化比较繁荣昌盛的时期，也是中国赏石文化艺术昌盛发展的时期。众多的文人墨客积极参与搜求、赏玩天然观赏石，除以形体较大而奇特者用于造园、点缀之外，又将"小而奇巧者"作为案头清供，复以诗记之，以文颂之，从而使天然观赏石的欣赏更具有浓厚的人文色彩。这是隋唐赏石文化的一大特色，也开创了中国赏石文化的一个新时代。曾先后在唐文宗李昂、武宗李炎（9世纪初、中叶）手下担任过宰相的牛僧孺和李德裕，都是当时颇有影响的文人墨客和藏石家。李德裕建"平泉山庄"，其中的怪石与奇花异树在当时就极负盛名，号称各地观赏石"靡不毕致"，而观赏石品种之多，仅有名号者即达数十种。李德裕"平泉山庄"和诗人王建的"十二池亭"在造园艺术和景石点缀方面，都达到了很高水平。大诗人白居易不仅有许多赏石诗文，他的《太湖石记》更是反映唐代赏石盛况及文化水准的代表作之一。白居易在文中最早介绍了古代赏石品级的分等情况。他首先记述了牛僧孺（封号"奇章郡公"）因"嗜石"而"争奇骋怪"，以及"奇章郡公"家太湖石数不胜数而牛氏对石则"待之如宾友，亲之如贤哲，重之如宝玉，爱之如儿孙"的情形，接着称赞了牛僧孺藏石常具"三山五岳、百洞千壑……尽缩其中；百仞一拳，千里一瞬，坐而得之"的妙趣。最后还介绍说："石有大小，其数四等，以甲、乙、丙、丁品之，每品有上、中、下，各刻于石阴。曰：'牛氏石甲之上，乙之中，丙之下。'"在白居易眼里，牛僧孺实为唐代第一藏石、赏石大家。

△ **江山多娇**

国画石　98厘米×40厘米　罗方全藏

△ 大江流水

三峡流纹石　30厘米×30厘米　罗方全藏

△ 离离原上草

三峡清江石　50厘米×35厘米　刘青年藏

△ 墨梅傲雪

雪花石　32厘米×26厘米　罗方全藏

　　宋代（10世纪中叶—13世纪末）是中国古代赏石文化的鼎盛时代，北宋徽宗皇帝举"花石纲"，成为全国最大的藏石家。由于皇帝的倡导，达官贵族、绅商士子争相效仿。于是朝野上下，搜求观赏石以供赏玩，一度成为宋代国人的时尚。这一时期不仅出现了如米芾（字元章）、苏轼（号东坡）等赏石大家，司马光、欧阳修、王安石、苏舜钦等文坛、政界名流都成了当时颇有影响的收藏、品评、欣赏观赏石的积极参与者。宋代赏石文化的最大特点是出现了许多赏石专著，如杜绾（字季阳）的《云林石谱》、范成大的《太湖石志》、常懋的《宣和石谱》、渔阳公的《渔阳石谱》等。其中仅《云林石谱》便记载石品有116种之多，并各具生产之地、采取之法，又详其形状、色泽而品评优劣，对后世影响最大。又据南宋赵希鹄的《洞天清实禄集·怪石辨》载："怪石小而起峰，多有岩岫耸秀、嵌之状，可登几案观玩。"足见当时以"怪石"作为文房清供之风已相当普遍了。

　　以书画两绝而闻名于世的北宋米芾（字元章）是11世纪中叶中国最有名的藏石、赏石大家。他不仅因爱石成癖，对石下拜而被国人称为"米颠"，而且在相石方面，还创立了一套理论原则，即长期为后世所沿用的"瘦、透、漏、皱"四字诀。其实当时癖石者甚众，米芾只是其中之一罢了。当时整个上层社会爱石、藏石的风气都十分浓厚。

　　元代中国经济、文化的发展均处低潮，赏石雅事当然也不例外。大书画家赵孟頫（13世纪末至14世纪初）是当时赏石名家之一，曾与道士张秋泉真人交往亲密，对张所藏的"水岱研山"一石十分倾倒。面对"千岩万壑来几上，中有绝涧横天河"的一拳观赏石，他感叹"人间奇物不易得，一见大呼争摩挲。米公平生好奇者，大书深刻无差讹"。这一时期，在赏石理论上无大建树。

　　明清两朝（14世纪中叶以后）是中国古代赏石文化从恢复到大发展的全盛时期。在这数百年间，中国古典园林从实践到理论都已逐渐发展到成熟阶段。明代著名造园大师计成（字无否）的开山专著《园冶》、明朝王象晋的《群芳谱》、明朝李渔的《闲情偶寄》、明朝文震亨的《长物志》等相继问世。

　　他们对园林堆山叠石的原则都有相当精辟的论述。"一峰则太华千寻，一勺则江湖万里"（《长物志》）之说，至今仍是"小中见大"的典范。明代曹昭的《新增格古要论·异石论》，张应文的《清秘藏·论异石》，尤其是明万历年间林有麟图文并茂、长达四卷的专著《素园石谱》等，更是明代赏石理论与实践高度全面的概括。林有麟不仅在《素园石谱》中绘图详细介绍了他"目所到即图之"且"小巧足供娱玩"的观赏石112品，还进一步提出："石尤近于禅""莞尔不言，一洗人间肉飞丝语境界"，从而把赏石意境从以自然景观缩影和直观形象美为主的高度，提升到了具有人生哲理、内涵更为丰富的哲学高度。这是中国古代赏石理论的一次飞跃。

△ **风景如画**

三峡流纹石　53厘米×27厘米　叶启福藏

△ 沧海横流

三峡流纹石　50厘米×35厘米　罗方全藏

△ 瀑布

荆山绿碧玉　35厘米×44厘米　叶启福藏

△ 观音

荆山绿碧玉　28厘米×80厘米　叶启福藏

　　清代沈心（乾隆年间人，自号"孤石翁"）的《怪石录》，陈元龙的《格致镜原》，胡朴安的《观赏石记》，梁九图的《谈石》，高兆的《观石录》，毛奇龄的《后观石录》，成性的《选石记》，诸九鼎的《石谱》和谷应泰的《博物要览》等数十种赏石专著或专论，共同把中国传统赏石文化推向了一个新的高峰。长篇小说《石头记》（即《红楼梦》）的出现，北京圆明园、颐和园的建造，从一定意义上说，都是赏石文化在当时社会生活与造园实践中的生动反映。

近代中国的赏石专著以民国初年章鸿钊的《石雅》和20世纪三四十年代王猩酋的《雨花石子记》，张轮远的《万石斋灵岩大理石谱》最为著名。其中章氏《石雅》首次应用了近代科学的一些观点，对我国传统赏石文化与西方赏石文化进行了一定程度的比较和分类论述；张轮远的《万石斋灵岩大理石谱》虽然主要论述的对象只限于雨花石和大理石两类石种，但其"灵岩石质论""灵岩石形论""灵岩石色论""灵岩石文论""灵岩石象形论"，以及其等次、品级划分与理论，实为各类观赏石种所普遍适用的原则，与今人论及天然观赏石的四大观赏要素"形、色、质、纹"一说有异曲同工之妙。

△ 鲲鹏

石灰岩　80厘米×70厘米　叶启福藏

　　当代中国赏石文化在海峡两岸近年来都得到了长足的发展。最主要的标志是各种赏石展览、专业展馆、学术团体和专著书刊的大量出现，其势有如雨后春笋，呈现一派欣欣向荣的繁华景象。专门经营石头的生意也应运而生并空前繁荣起来，在许多地方还逐渐形成了一门新兴的产业。

　　如今，全国各地现有各种爱石、赏石、观赏石、石玩、石艺、山石、雅石、盆景方面的群众性学术团体，大大小小共计1000个以上；许多省（市）还形成了省（直辖市）、市（地区、州）和县（区）三级学术团体网络，如广西、广东、湖北、江苏、浙江、上海、河南、四川等省（市）。我国台湾省内几乎各县、市都有这种团体。南京、武汉、广州、上海、柳州、桂林、南宁、梧州、宜昌、洛阳、郑州、北京、天津等百余个城市，都有许多官办或民间的专业石展馆，其中尤以南京中华观赏石馆（以雨花石为主）、武汉中华观赏石馆、柳州八桂观赏石馆和柳州鱼峰石玩精品馆等三十余家专业石展馆最有影响。赏石专著、画册、报刊和资料汇编等多达数十种。其中影响较大者，有桑行之等编的《说石》，李雪梅主编的《中国古玩辨伪全书·石玩篇》，贾祥云撰写的《中国收藏与鉴赏·中国观赏石之收藏篇》，刘水编著的《南京雨花石》，袁奎荣等编著的《中国观赏石》，赵有德主编的《柳州石玩精品》（共三辑），刘翔编著的《石玩艺术》，谢天宇主编的《中国奇石美石收藏与鉴赏全书》等。我国台湾省内近年赏石著述颇丰，在大陆可见到的以蔡丁财的《石之美》《台湾石头的故乡》和张丰荣的《雅石铭品欣赏》较有影响。

△ 天网

龟纹石　35厘米×31厘米　叶启福藏

△ 行僧

荆山绿碧玉　30厘米×31厘米　朱培文藏

△ **海底**

分别为10厘米×5厘米、7厘米×5厘米

现代中国赏石文化与活动，海峡两岸当前都面临着商品化和传统赏石理论的继承与发展两大课题，并且围绕着这两大课题，正在赏石界引发着一系列的争论。

其一，观赏石（或雅石、石玩）是否应该商品化？反对者说，商品化动辄为钱，已属不雅，更有悖于赏石的传统和本意；赞成者则以为，只有商品化才能使赏石文化及活动得以在更大的范围内普及、交流与发展，这是大势所趋。

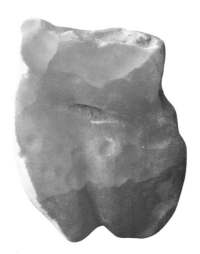

△ **人体**

8厘米×5厘米

其二，一些人认为，中国传统赏石理论"太抽象""太玄""不够科学"，因而主张向"国际"（实指西方）赏石理论靠拢，促其实现"科学化"。而反对此说者则指出，东西方的文化传统和背景本来不同，中国传统赏石理论以其博大精深的文化内涵和含蓄、浪漫、富于想象力为特色，与欧美西方以各种矿石、化石等科学标本为主要观赏对象的直观性赏石活动完全不是一回事。因此，两者根本不能互相取代或"靠拢"，就如油画理论不能取代国画技法，西医无法理解中医的阴阳、气血、性味、经络、脉象理论一样，大可不必杞人忧天或妄加褒贬。

　　上述这种分歧，加上赏石者各自知识结构和经历的差异，反映在观赏石的分类这一重大问题上，当前国内大致有三种基本主张：一为传统的以产地和观赏特性为分类依据，如太湖石、黄河石、灵璧石、英石、墨石、黄蜡石、彩霞石等称谓，持此论者多以园林工作者为代表。二为按现代地质科学的岩石分类理论来划分观赏石种，如石灰石、方解石、砾石、砂岩、页岩、玄武岩、花岗岩等，持此论者常以地矿部门人士为代表。三为按美学、画论标准来划分观赏石种，如景观石、象形石、抽象石、造型石、图案石、工艺石等，持此论者多为文化界和受文化界人士影响较大的准文化界人士。此外，还有许多人常持混合型的分类方法，即信手拈来，各取所好，随意性更大，持此态度者不仅人数不少，且社会成分复杂。这种"论出多门"的状况，充分反映了当代中国赏石理论正处在一个继承与发展的激烈冲突并逐步走向自我完善的新阶段。

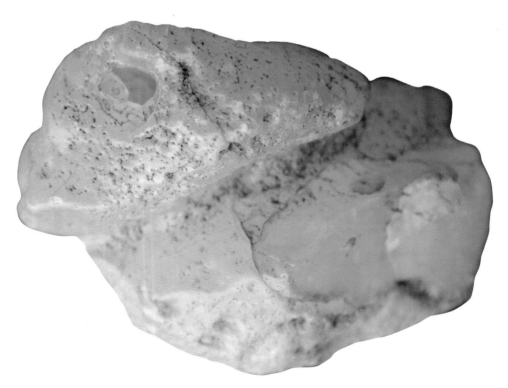

△ **深邃的眼睛**

6厘米×4厘米

三
赏石与中国绘画

　　对观赏石的藏玩，我国已有数千年的历史，并形成了积淀丰富的石文化，在玩石、藏石史话中也流传下许多逸闻趣事。绘画艺术作为传统文化的重要组成部分，也与石文化结下了不解之缘，不仅许多作品以赏石为主体，描绘观赏石鬼斧神工之诡谲形态，展现藏石悠久而有趣的历史典故，揭示赏石所蕴含的象征性、人格化等思想内涵，而且不少画家本人就是嗜石成癖者，对赏石有深刻而独到的见解，所塑造的观赏石形象也格外真切感人。中国古代绘画所反映的赏石史和观赏石文化虽难称全面，却形象生动，较之实物有别具意趣的艺术感染力。

△ **股市财神**

武义黄蜡石　44厘米×26厘米　丰廷华藏

1 | 观赏石图谱

古人赏玩的观赏石，不仅见之于许多文字记载，也有不少图谱存世，它既有力地印证了若干历史史实，也艺术地再现了历史观赏石之美。

南宋杜绾所著《云林石谱》，堪称观赏石有谱著录的开山之作。该书记载了各地所产的观赏石116种，品类以奇形石为主，也包括砚石、卵石等，几乎囊括了后世所赏玩的各种主要观赏石。文字介绍也很全面，诸石"各具出产之地，采取之法，详其形状、色泽，而第其高下"。书末附《宣和石谱》和《渔阳公石谱》两部图谱，其中《宣和石谱》绘录了宋徽宗所建艮岳中65座名石峰，可谓皇家园苑观赏石的首部图谱，虽未署明作者，但也是北宋徽宗时人所绘，形态刻画真实，是了解艮岳名石十分珍贵的形象资料。

△ **图腾**

云南黄龙玉　23厘米×16厘米　朱旭佳藏

明清两朝随着藏玩观赏石风气的盛行，各种观赏石和谱录更相继问世，其中图文并茂的石谱有明林有麟《素园石谱》、清诸九鼎《石谱》等。林有麟在明万历年间成书的《素园石谱》最为著名，该书搜采自南唐以来见诸史籍图谱和百来种名石奇峰，介绍文字中还保留了许多有价值的名人诗文，其图均具有重要史料价值。该石谱中有嗜石成性的宋代著名文人、书画家米芾所藏玩石之"石丈""宝晋斋砚山""苍雪堂砚山"，米芾至友、嗜石与其匹敌的苏轼所藏玩石之"雪浪石""仇池石"以及欲购未果之"壶中九华"。从这些名石图谱中，可以引发出许多玩石的趣事。譬如"苍雪堂砚山"曾被米芾视若拱璧，后却用此石同苏仲容换得润州（今镇江）北固山甘露寺一块风水宝地，筑成海岳庵，一时传为佳话。又如苏轼的"仇池石"，本是表弟程德孺送给他的一块绿色英石，当时宦途失意的苏轼却想到了一个梦，即不久前任颍州知州时，曾做梦到过一处洞府，榜书"仇池"，醒后打听才知为道教十六洞天之一"小有洞天"的余脉，杜甫在《秦州杂诗》中曾提道："万古仇池穴，潜通小有天。"苏轼由石联想梦，遂取名"仇池石"，视之为"稀世之宝"。故《素园石谱》对研究藏石史也极有价值。清诸九鼎的《石谱》主要记载自藏的22块观赏石，由谢彬绘图，属于绘录私人藏石的一类石谱。

△ 鹤舞

武义黄蜡石　16厘米×29厘米　丰廷华藏

△ 楼兰遗址

彩陶石　关明辉藏

△ **黄龙吐翠**

武义黄蜡石　35厘米×15厘米　丰廷华藏

2 ｜ 御苑峰石

　　观赏石之中，园林立峰是最重要的赏玩对象，而皇家园囿的峰石又是此中的精华。在历代御苑峰石中，宋徽宗为建造艮岳，通过"花石纲"敛聚的观赏石，不仅数量多，而且品位高，堪称御苑观赏石之最。同时它与绘画的关系也分外密切，艮岳所设计的峰石的列置既体现了帝王的审美观念，也倾注了画家的艺术巧思。园中的观赏石不仅有许多留存至今，也时而出现在绘画作品中。

　　艮岳的园林总体设计是由宋徽宗亲自指导、宫廷画家具体承担的，花园的选材、规划立基、山水塑造等均先绘成图样，经御定后"遂以图材付之，按图度址，庀徒僝工，垒土积石"。艮岳建成后，祖秀在《华阳宫记》中不禁发出赞叹："括天下之美，藏古今之胜，于斯尽矣。"艮岳以后，造园先作图，以表现艺术家的构思立意，也几乎成了惯例。

　　艮岳的石峰大多采自苏州洞庭西山的太湖石，玲珑细润，尤以大、奇、灵秀者为上品，"其大秀特秀者，不特侯封，或赐金带，且为图为谱"。如最大的一座太湖石峰高四丈，"玲珑嵌空，窍穴千百，非雕刻所能成也"，宋徽宗赐其名为"神运昭功敷庆万年之峰"，并封为"盘固侯"；另一块高二十余尺（一尺约0.3米）的灵璧石峰，宋徽宗亲书"庆云万态奇峰"条幅并赐佩金带。艮岳中共有65块石峰，均经赵佶品题，并绘入《宣和石谱》，明林有麟《素园石谱》中有较好的摹本，形态刻画细致，石类特征鲜明，如"皱云峰"，形体瘦长，峰如剑尖；石体有眼，透风漏月；坑洼较多，连贯通透；石表凹凸，皱纹遍布；兼具瘦、漏、透、皱之美，属典型的水中太湖石，并为其中名品。

△ **红色经纬**

武义黄蜡石　16厘米×13厘米　丰廷华藏

　　艮岳的观赏石至今仍有不少遗存实物。在北宋灭亡后，金人即将艮岳中上好的太湖石运至中都（今北京），点缀在玉华岛上，元、明相沿不改，今北海公园琼华岛上有些湖石即当年艮岳旧物，其中白塔山下永安寺里所置"庆云峰"即属名石。清乾隆时营造南海瀛台苑囿，一部分又运至瀛台，故今中南海中也有不少艮岳观赏石。

　　宋徽宗的御苑观赏石，除艮岳的"宣和六十五石"见之于木刻图谱外，还留存一件十分珍贵的御笔画迹《祥龙石图》卷（北京故宫博物院藏），它是《宣和睿览册》中幸存之物，由宋徽宗亲题"御制御画并书"。其自题诗文，此石是置于御苑中环碧池之南、芳洲桥之西与胜瀛相对的一块太湖石，"其势腾涌若虬龙出，为瑞应之状"，故而"亲绘缣素"，亲题诗文以纪。此图用十分纯熟的写实技法，精细入微地刻画出了太湖石独有的特征，又力求突出"祥龙"立意。凹凸起伏的石形既玲珑剔透，又犹如左向昂首、盘曲蜿蜒、腾空欲飞的虬龙；细劲线条勾描的坚峭轮廓强调了石身之瘦秀，也增添了虬龙雄强之气质；浓浓墨色渲染的涡孔窍穴，既突出了石体的褶皱纹理，又极似斑斑龙鳞。太湖石的瘦、漏、透特征与祥龙石的雄强、吉祥、瑞应寓意巧妙结合，兼而有之，十分典型地反映了御苑观赏石的姿、韵之美。此图虽非直接描绘岳石，也不一定出自徽宗亲笔，却是较早的真正表现观赏石的一幅杰作。

3 | 画家爱石

　　赏石历史中，文人名士对观赏石的嗜好和藏玩不亚于帝王之家，其痴迷程度有过之而无不及。其中画家对观赏石的爱好更密切了赏石与书画的关系。在他们的创作中，有不少刻意描绘文房雅石、园林立峰乃至名胜山石的题材，倾注了自身独特的感受或较深刻的文化内涵。同时，他们嗜石成癖的故事也成为其他画家经常表现的题材，并由此引申出赏石的诸多审美意趣。

　　宋代米芾、苏轼和明代米万钟是三位最引人注意的爱石画家。米芾嗜石到了如痴如癫的程度，时有"米颠"之谑称。最有名的为"拜石"故事，《宋史·米芾传》记载："米元章守濡须（今安徽无为）日，闻有怪石在河濡，莫知其所自来，人以为异而不敢取。公命移至州治，为燕游之玩。石至，遽命设席拜于庭下曰：'吾欲见石兄二十年矣！言诸以为罪，坐是罢。'"他因拜石而丢了官，不但不后悔，反而自写《拜石图》，倾诉得意之情，一时传为佳话。元倪瓒《题米南宫拜石图》诗曰："元章爱砚复爱石，探瑰抉久为癖。石兄足拜自写图，乃知颠名不虚得。"此图今已不传，但后世画家所绘《米颠拜石图》却屡见不鲜，

△ **大将军**

彩陶石　20厘米×20厘米　关明辉藏

如明代"浙派"主将吴伟《人物图》卷（上海博物馆藏）中，有一段即绘"米颠拜石"，庭园内矗立一块上大下小的湖石，凹凸起伏具嶙峋之势，玲珑多孔呈透漏之美，奇特形体传文丑之韵，诚是米芾所崇拜的"石兄"。米芾对石而立，拱手揖拜，身姿恭谦，启齿低语，正是口称"吾欲见石兄二十年矣"的瞬间神情。画法工整洗练而形神兼备，为此题材中的上乘之作。又如清代"海派"名家任熊的《拜石图》轴（北京故宫博物院藏）亦画此典故，着重描绘米芾跪地揖拜的虔诚、惊喜之状，形象塑造则趋于简略，仅用几笔线条勾勒出轮廓，再略加渲染。然以圆润流畅之线画人物，劲直顿挫之锋绘湖石，质感迥异，情趣盎然，深得陈洪绶夸张、装饰画风之神髓，面貌奇特。"米芾拜石"画题直至现代画家如齐白石等人仍在继续创作，可见魅力之深。此轶事也融于园林景点的布置之中，如怡园的"拜石轩"和"石听琴室"、留园的"揖峰轩"、颐和园的"石丈亭"，其源都出自"米芾拜石"典故。

米芾好友、宋代著名诗人、书画家苏轼，也是一位嗜石成癖者，他收藏了许多观赏石，并多有咏石诗文，如《雪浪石诗》《雪浪斋铭》《双石诗》《壶中九华诗》等。他在定州所得的黑色雪浪石，图像早已刻入《素园石谱》，原石亦保存下来，在乾隆时被重新发现，遂置于定县众春园内。乾隆十一年由内阁学士张若霭奉诏特绘《雪浪石图》轴（承德避暑山庄博物馆藏），乾隆几次御题其上。这幅画与实物比较，形状完全相同，属写实之作，但纹理作了加工，使之更符合诗意。原石为黑底白脉，中含水纹，很像白色的水在流动而呈波浪状，故称"雪浪"，而画面石底却是白色的，石上只有几点黑色和一些曲线，所置的盆内盛水则波浪起伏，色彩暗重。石质变黑为白，是画家按照诗意有意作出的变动，苏轼《雪浪斋铭》有句云："玉井芙蓉丈八盆，伏流飞空漱其根。"《雪浪石诗》又云："老翁儿戏作飞雨，把酒坐看珠跳盆。"乾隆题诗也强调："沃之以跳珠沫，翠影仿佛浣花村"，"雪从天上降，浪从海面生"。张若霭和诗也称："荒林下马地没迹，汲泉爱看珠跳盆。"作品即按"伏流飞空""珠跳盆""跳珠沫"等诗句构图，突出表现激水盆中水珠跳溅、石面白

△ 秦汉古陶

南京雨花石　沈文惠藏

浪翻滚的景象，于是石色变成了弥漫着水汽珠沫的白色，黑色则表示雪浪翻滚所掀起的波涛，而盆内之水因激水起浪，自然也成为波浪起伏的暗色。如此艺术处理既切合诗意，又不落俗套，画法亦写实而不拘泥于形似，突出了"雪浪"意趣，故乾隆皇帝十分欣赏此画，尝作诗评曰："若霭昔图石，谓已传其神"，并三次题写御制诗文，图上另有嘉庆御题"雪浪石赞"以及张若霭摹写的苏轼《雪浪斋铭》。此画不仅再现了"雪浪石"的奇姿雅韵，本身也成为一件观赏石图佳作。

苏轼留下的唯一绘画真迹《古木怪石图》卷（日本藏），主体形象之一就是一块颇为独特的怪石，石状尖峻硬实，石皴却盘旋如涡，方圆相兼，既怪又丑。它并非如实的因物象形，但也不是凭空臆造，而是画家借熟悉的观赏石与奇崛的古木画在一起，更鲜明地表露了作者激动不已的内心。米芾曾评其画："子瞻作枯木，枝干虬屈无端，石皴硬，亦怪怪奇奇无端，如其胸中盘郁也。"苏轼亦自谓："枯肠得洒芒角出，肺肝槎牙生竹石。森然欲作不可留，写向君家雪色壁。"苏轼在绘画上借木石抒写胸臆的创作观与其玩石中注重文化意蕴的审美观是完全一致的，也代表了文人士子赏石的普遍心态。

明代米万钟是米芾后裔，也爱石成癖，自称"石隐"，取号"友石"，京师所造的三座园墅"湛园""勺园""漫园"，均以奇峰怪石取胜。陈衎《观赏石记》中记载了他所蓄最著名的五块观赏石，皆为传世数百年的旧物。其家藏之石也有图谱，他曾请吴文仲将所蓄观赏石绘成一卷，其中有一块"形如片云欲坠"的青石，系祖先米芾遗物。存世画迹中，同时代画家蓝瑛有《拳石折枝花卉》册（北京故宫博物院藏），其中10开均画湖石，据自题"丁酉花朝画得米家藏石并写意折枝计廿页"，知这批湖石即米万钟家所藏。蓝瑛运用写实手法，以精细而又富于变化的笔墨，准确生动地描绘出了观赏石的形与神。画法勾、皴、染结合，用笔粗健苍劲，洗练凝重，墨色干湿相兼，层次丰富。同时又能根据不同石质和体貌，运用或粗或细、或刚或柔、或快或慢、或浓或淡的笔墨变化，使诸石呈现瘦骨嶙峋、空灵剔透、厚重清润、小巧玲珑等多种石韵，以及蹲、卧、俯、仰、屈、伸等各样奇姿，全面展现了观赏石瘦、皱、透、漏、清、丑、顽、拙的艺术特色。此作品在以形传神方面堪称观赏石图中的佳构。

米万钟本人也善画石，有多种画石本传世。北京故宫博物院有一幅《墨石图》轴，以其本人所擅长的书法用笔描绘物象，粗简、飞动又略带拙朴感，从形象到笔墨都显得奇异，同时也反映了以书法入画、具写意文人画的韵味的一路观赏石图面貌。

▷ **高士图　卫贤**

纵134.5厘米，横52.5厘米

　　设色，立轴，绢本，北京故宫博物院藏。

　　此图为五代南唐画院画家卫贤的作品，又名《梁伯鸾图》，描绘的是汉代隐士梁鸿和其妻孟光"相敬如宾，举案齐眉"的故事。整幅以人物活动为中心，下部竹树相杂，溪水环绕；上部则远山巨峰，平远山岭。画中梁鸿端坐榻前，正潜心于学问；而孟光则恭敬地双足跪地，举着盘盏，递向案上。作者巧妙构思，将盘盏作黑红两色，置于孟光前额和梁鸿桌案之间，十分醒目，恰是道出了"举案齐眉"的典故。全幅结构繁复，但景物设置都错落有致，独具匠心，处处都与表现主题高人逸士有机联系而浑然一体。卫贤，生卒年不详，五代南唐画家。长安（今陕西西安）人。后主时为内供奉。初师尹继昭，后宗吴（道子）体。善界画，既能"折算无差"，又无庸俗匠气，被称为唐以来第一能手。以楼观、殿宇、人物及山村、盘车、水磨见胜于当时。传世作品有《高士图》和《闸口盘车图》。

4 ｜ 观赏石画风

　　历代以观赏石为主体对象的绘画作品，画法和面貌离不开山水的时代风格，发展演变轨迹基本上与山水画同步。但基于观赏石独特的形态美以及蕴含的深广文化意味和文人的高雅情思，在观赏石画的构思、立意、布局、笔墨等方面也与一般山水画有所区别。同时，观赏石自然天成、巧夺天工的形状、结构、纹理及所产生的美感，也对绘画的内容和形式都产生了有益的启迪。明王心一在《归田园居记》中谈到："东南诸山，采用者湖石，玲珑细润，白质藓苔，其法宜用巧，是赵松雪之宗派也。西北诸

山，采用者尧峰，黄而带青，质而近古，其法宜用拙，是黄子久之风轨也。"意即湖石之类的南方小巧山石，宜用赵孟頫秀巧的解索皴或圆润的卷云皴，尧峰之类的北方厚重山石，宜用黄公望缜密的披麻皴或劲峭的斧劈皴。此论的确从某个角度道出了画与石之间的辩证关系。

纵观历代山水画中的峰石画法，其时代性和独特性都是很鲜明的，随着山水画技法的不断发展，观赏石画法也日趋成熟和丰富。

隋唐时期，山水画才趋成熟并独立成科，山石有勾无皴，稍见渲染，用笔细劲，设色浓艳，画法稚拙，意趣古朴。如清吴升《大观录》所概括："人马工致，山石颓古。"庭园石峰也循此画风，从存世作品唐孙位《高逸图》卷（上海博物馆藏）中可见一斑。此图绘竹林七贤故事，庭园背景中有两块湖石，堪称最早的园林立峰形象，从瘦皱多孔的体态看，当属南太湖石，细线勾勒后以墨色渲染，简练而不失其形，与当时山水画呈相同风格。

五代两宋是山水画全面发展创立流派时期，赏石也达到全盛期，独立的观赏石形象更多见之于山水画中，并有以观赏石为主体的创作，画法也随山水画而趋于全面，勾、皴、点俱备，并有所选择和发挥。五代卫贤《高士图》卷（北京故宫博物院藏）是描绘东汉梁鸿、孟光夫妇相敬如宾、举案齐眉的故事，但屋旁庭院中所矗立的嶙峋怪石属典型的太湖石，轮廓以细线勾勒，结构用皴笔交代，皴法虽未定型，起伏凹凸却富立体感，反映出鲜明的写实取向。北宋郭熙的《窠石平远图》轴（北京故宫博物院藏），正中几块高兀浑厚的窠石在画面上十分突出，已露出以观赏石为主体的端倪。画家以凝重线条勾勒轮廓，用圆笔、侧锋作卷云皴，暗处细加渲染，真实地再现了西北山石浑厚之状、坚实之质以及峥嵘之势，郭熙画法也成为后世描写西北观赏石之范式。至于北宋苏轼《古木怪石图》卷中的怪石，则以意为之，不求形似，讲究以书入画，运锋迅疾如草书，枯墨情趣，树立了文人画观赏石的典范。南宋画院苏汉臣的《秋庭婴戏图》轴（台北"故宫博物院"藏），画面中心笔直竖立的园林石，当是皇家庭院中的一块观赏石，画法反映了宋代"院体"的典型风貌，形态刻画精微写实，勾皴渲染兼用，劲健的斧劈皴强化了山石的坚硬质感，细致的晕染强化了石形的明暗立体感，鲜丽的设色也增添了御石的华贵性。追求形似逼真、精工华美的画风，奠定了"院体画"的基调，也成为后世仿效的一种样式。

元代时文人山水画逐渐占据画坛主流，画法也日趋多样化，尤其各种皴法与山石的形质结合得更加紧密，园林石峰也更多地与枯木、梅竹结合，增加了文人意趣。李衎的《双勾竹图》轴（北京故宫博物院藏）中陪衬翠竹的两块巨石，显然是赵佶"花石纲"所要搜罗的南太湖石。画家主要通过浓淡水墨的晕染，刻画出石头的多窍孔和多层次的扭曲形态，在继承宋代"院体"画风同时有所变化，但基本未脱离写实原则。而高克恭的《竹石图》轴（北京故宫博物院藏），已转为写神为主，画石用水墨写意法，粗笔简略勾勒轮廓后施以细密披麻皴，既传达了巨石浑厚之质，又富有笔墨韵味，达到了"神而似"的境地。张翥曾评其《竹石图》云："高侯画石聊信笔，更著数竹穿竹根。岂知宰须五日，率尔意到精灵奔。"将他比之唐代王维。到赵孟頫手里，山石画法已脱略形似，唯求神韵，并

△ **窠石平远图　郭熙**

纵120.8厘米，横167.7厘米

立轴，绢本，淡设色，北京故宫博物院藏。

本图为画家晚年的巨幅杰作，描写北方深秋田野清幽辽阔的景色。画中近景为寒林秋树窠石清溪，远方山峦隐隐可见，画面上部空旷，展现出一派秋高气爽的优美风光。郭熙，生卒年不详，北宋画家，字淳夫，河阳温县（今属河南）人。神宗熙宁年间（1068—1077）为图画院艺学，后任翰林待诏直长。工画山水，取法李成，而能自抒胸臆。早年风格较工巧，晚年转为雄壮。常于巨嶂高壁作长松乔木，回溪断崖，峰峦秀拔，云烟变幻之景，意境清旷动人，时称独步。为李成画派之后劲，与李并称"李郭"。深究画理，取景方法上提出高远、深远、平远的"三远"法。传世作品有《幽谷图》《早春图》和《窠石平远图》。有画论，子郭思增以已作，纂集为《林泉高致》。

强调"书画同源"，以书入画，树立了水墨竹石文人画的典范。《秀石疏林图》卷（北京故宫博物院藏）为其著名代表作，画面正中的秀石无疑是一块形状、意韵俱独特的观赏石，后自题一诗云："石如飞白木如籀，写竹还应八法通。若也有人能会此，方知书画本来同。"这正是此图画法的最好的注脚。图中秀石以干笔、枯墨勾勒、皴擦，均多飞白之痕，似草篆，画法遥接苏轼衣钵而更富笔墨情趣和自然率意的文人画韵味。明董其昌曾如是评论赵氏画石："赵文敏尝为飞白石，又尝为卷云石，又为马牙钩石，此三种足尽石之变。"专长竹石的柯九思也是"以书入画"的代表，他在所著《竹谱》中明确主张："写竹干用篆法，枝用草书法，写叶用八分，或用鲁公撇笔法。"画石也同，其存世《晚香高节图》轴（台北"故宫博物院"藏）、《清阁墨竹图》轴（北京故宫博物院藏）中的湖石，运用披麻皴、解索皴的笔法均具有类似草、篆的书写意韵，圆浑中透出脱俗的清刚之气。

　　明清两朝是文人山水画风靡时期，观赏石的画法既全面继承前代传统，又突出鲜明个性，抒写主观情愫的因素进一步加强，独立的观赏石图也更见普遍。明初墨竹名家夏昶的竹石画，既有近似李衎的写实之作《戛玉秋声图》轴（上海博物馆藏），又有仿效赵孟頫的写意双幅《为斋作竹石图》轴，属于继承元人余绪的代表作。到明中期，吴门文人画家崛起，山石画法才发生较大变化，其中文徵明的画风最具典型性，如他晚年的杰作《真赏斋图》卷（上海博物馆藏），开首的一堆湖石凹凸嵯峨、密皱多孔的形态颇具南太湖石特点，然上大下小、窍穴如洞的刻画又比较夸张，带有一定装饰性。用笔细劲，皴法繁密，笔墨颇见功力，但时又露出重叠之迹和平行之皴，呈一定稚拙感。这种写实中带装饰性和精熟中见生涩味的画法，工中见拙，反映了明代文人画的新追求，也使山石画更具奇特和书卷气。至晚明，山石画风格的个性化更趋鲜明，主观性也更强。创立泼墨大写意花卉画风的徐渭，直接将物象作为倾诉主观情感的载体，使冰冷的山石也充满郁勃的激情。如《牡丹蕉石图》轴（上海博物馆藏）其下立的湖石，据自题诗句"焦墨英州石"，知是产于广东英德县的"英石"。图中之石纯用水墨泼出，淋漓混沌，属于"舍形而悦影"的写意之法。然浓淡墨色通过交叠渗透，又自然形成凹凸起伏，隐现出"英石"嶙峋折皱之状，形简意赅，可谓神来之笔。更主要的是这一混沌墨块，犹如胸中郁结的块垒，它与水墨的牡丹、芭蕉相互映衬，透出一股愤世嫉俗之气，缘物抒情意味十分明显。明末人物画大家陈洪绶运用夸张变形手法，创高古奇崛人物画风，所作山石也呈相同面貌，如《玉堂柱石图》页（北京故宫博物院藏），陪衬玉兰的太湖石上尖下大，玲珑剔透，用笔坚实，轮廓线多呈弧形，秀顽而挺拔，突出地呈现了太湖石的形和质。但形象又有所夸张，石腰特细，石孔特大，石尖特锐，有意强调了湖石之瘦、透、坚，并呈现很强的装饰性。同时勾勒的线条细匀，工整中略带稚拙，具较浓的木刻味，这种画法可谓前所未有。

作为明朝遗民的"清初四僧"也善绘观赏石、怪石，并借此抒发亡国之痛和激愤之气，个性风格都十分鲜明。石涛有幅《西园雅集图》卷（上海博物馆藏），庭园中置放着诸多湖石，形态各异，画法多变。尤其卷首一石，中锋勾勒轮廓，侧锋作横皴，石面施以自创的"没天没地当头劈面点"，石脚又作"夹水夹墨一气混杂点"，石奇法奇情奇，可谓涤尽时习和俗气。弘仁有幅《枯槎短荻图》轴（北京故宫博物院藏）画香士社盟居所，屋前寒塘四周用山石垒成，石虽非观赏石，布置却具园林叠石之趣。大小不等、参差错落的"矾块"开合承转，富有建筑的和谐感。方折用笔和折带皴法，使山石多块面感，又具一定装饰性。简洁、细劲的笔墨和整饬、坚峻的山石，透出一股恬淡、静穆、高洁的情调，也是弘仁人品的象征。清代中期"扬州八怪"中的郑燮，不仅以墨竹著称，也善画怪石，他在《板桥题画：石》中云："米元章论石，曰瘦、曰皱、曰漏、曰透，可谓尽石之妙矣。东坡曰：'石文而丑'，一'丑'字，则石之千态万状，皆从此出。彼元章但知好之为好，而不知陋劣之中有至好也。东坡胸次，其造化之炉冶乎！燮画此石，丑石也，丑而雄，丑而秀。"表明他主要继承苏轼画丑石的传统，突出丑石之雄和秀，于丑中见美。他画石还强调其"骨气"，呼之为"石大人"，发誓自己要做"顽然一块石"，使丑石进一步人格化。为此，他画过多幅称之为"柱石图"的丑石之作，藏于天津艺术博物馆的《柱石图》轴为其代表作。画面正中巨石凌空而立，呈偏侧之势，从体态看，一块无孔少皱亦不峻的普通岩石，然它如立柱般屹立，坚实雄浑，颇具顶天立地的大丈夫气概，自题诗也将它比之于诸葛亮。"一卷柱石欲擎天，体自尊崇势自偏。却是武乡侯气象，侧身谨慎几多年。"其中无疑也有自喻之意。此图画法也具特色，郑燮曾自述如何画石："画石亦然，有横块，有方块，有圆块，有欹斜侧块。何以入人之目，毕竟有皴法以见层次，有空白以见平整，空白之外又皴，然后大包小，小包大，构成全局，尤其用笔用墨用水之妙，所谓一块元气结而石成矣。"此柱石即作欹斜侧块，并以白描手法寥寥几笔就勾出轮廓，空白较多，显得平整、简峻；石面稍作横皴，以见层次，然不施渲染，干净利落；碎石堆积处又简勾略皴，也多空白，此即所谓大包小，小包大，全然一体，气势俊迈，画法与立意水乳交融。在画石方面"海派"又有所创新，其中技艺全面、成就斐然的任颐，风格最

△ 双勾竹图　李衎

纵163.5厘米，横102.5厘米

　　立轴，绢本，设色，北京故宫博物院藏。

　　此图画竹，前后左右交错，枝叶繁茂。竹叶以墨色细加渲染，表现出阴阳向背。湖石团浓淡墨晕出，玲珑多姿。构图匀称，笔法圆劲精整，设色淡雅。画家通过碎石、枯枝等周围景物的描写，更加烘托出竹子"清高拔俗"的品格。

富新意。其作品中许多作为背景的湖石，变化多端，有远追陈洪绶、近学任熊的勾勒法，如《安澜图》页；有主宗徐渭的水墨写意法，如《沈芦汀读画图》轴（北京故宫博物院藏）；有临仿朱耷的简笔写意法，如《临八大山人八哥图》轴（北京故宫博物院藏）。然更常见的是融会贯通的综合性技巧，既准确写实，又简练写意；既笔随形走，又挥洒随意；既是传说中的补天之石，但结构又是现实世界中可见的观赏石。三角形的造型象征擎天立地的天柱，深意却是烘托盘坐如峰的女娲亦似擎天巨柱。笔墨灵活飞动，勾、皴、染相兼，写生、写意结合，其中既有传统的披麻皴和乱柴皴法，又有不拘一格的速写线条。同时较尖锐的山石用笔又与女娲坚硬刚直的衣纹相协调，映衬出女娲坚如岩石的补天之志。此图的立意、造型、布局、笔墨都新颖独特，开启了近代画石新风，对现代也有深远影响。

5 │ 赏石与绘画的历史演进

纵观赏石图在中国绘画中的表现，可以看出随着历史的进程，赏石图从形象特征、思想内涵到审美情趣、艺术风格，都有着自身的发展变化轨迹，呈现出鲜明的时代性。而这种时代性始终受到藏石的社会风气、赏石的品评标准、赏石的技巧风格这几大因素的制约和影响，从中亦可总结出某些规律性的东西。

六朝作为赏石的滥觞期，欣赏之石多为"似玉的美石"和大自然中的名胜奇峰，山水画也处于形成期，技巧未臻成熟。故绘画中观赏石与山石不分，笔墨多借助于人物画，形象比例失当，并带有较强的图案装饰性，然意趣拙朴，又别具高古之美。

唐代步入赏石初期盛期，可入藏的奇形石陆续被发现，臣僚、文人中涌现出一批赏石名家，有藏石成癖者，有以石交友者，有咏石明志者，也有以石入画者。然其时山水画方趋成熟，石的形象仅见于山水背景中，并多为开发较早、置放园林的南太湖石，比例趋于准确，刻画仍较简略，有勾无皴，平涂少晕，观赏石略备外貌特性。

两宋是赏石全盛时期，名胜观赏石、园林立峰和文房雅石三大类都成为欣赏对象。按天然形质而分的品类中，观赏石最受青睐，以纹理美取胜的雨花石和以质地美见长的砚石也渐受重视。赏石家中也形成了不同的阶层或层次。以帝王显贵为代表的高层统治者崇尚大、奇、美、秀之名石，赞赏名贵、华美之姿韵，画石亦追求形似逼真，运用已达娴熟的山水画技法，精描细绘，勾皴点染兼施，水墨设色并用，不仅创造了形神兼备、写实性强的观赏石形象，而且出现了真正独立的观赏石图。以文人学士为代表的知识阶层，则注重于文房小雅石的藏玩，既欣赏奇、美之佳石，也收藏怪、丑之顽石，在品评中既总结出了观赏石客观具备的诸多美感，如太湖石的瘦、漏、透、皱，雨花石的温润莹澈，更赋予观赏石以文人情愫或文化意味，以石抒情，以石喻人，故出自文人画家笔下的观赏石，往往有怪丑之形象、隐喻之内涵、人格之象征，并多写意之法、书法之趣和主观之情。

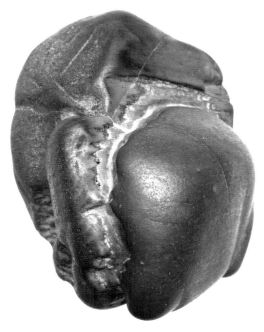

△ 飞瀑三千尺
马安彩陶石　9厘米×12厘米　全建淮藏

元代，赏石爱好者多属隐逸高士。随着文人山水画的流行，画石也多与隐士山水和四君子题材相结合，更强调缘物寄情和象征寓意性，注重神韵，并追求笔墨情趣和形式美感。

明代是赏石最普及的时代，观赏石变成古玩、古董，文人、商贾皆爱之，并成为园林、书斋不可缺少的点缀品，不以此分雅俗。雨花石、印石、砚石的开采、收藏更形成热点。各类赏石在绘画中均有所反映，并随着山水、竹石画风的迭变，呈现出写实、写意、重形、重神、夸张、变形等多种画貌。所传达的思想意韵也更丰富，或朴实，或清高，或文雅，或激越，抒写主体审美情趣的因素日趋强烈。

清代处于封建社会末期，玩石之风稍逊前朝，但奇珍异石的收罗品类在不断扩大，云石、昆石、鸡血石、雨花石等日益受到重视。画家爱石者颇多，独立的观赏石图也日渐增多。诗书画的进一步结合，使画石所蕴藏的思想内涵表露得愈加鲜明，文化意味也更浓。纷呈的流派也使赏石在形状、质感、意韵、风格等方面显得斑斓多姿，个性化特征也更明显。龚贤光感极强的山石、石涛千变万化的画石、郑燮象征人品的丑石、任颐真实又带象征的仙石，展现出赏石缤纷绚烂的艺术风貌和审美情趣。

四
中西石文化的异同

　　观赏石文化是人类石文化现象中的一个重要分支，其基本内容是以天然石块（而非石制品）为主要观赏对象，以及为观赏天然观赏石而总结出来的一套理论、原则与方法。因此，其发展历史要比广义的石文化史要年轻得多、晚得多。而且由于东西方民族在历史和文化背景方面的显著差异，东方赏石文化与西方赏石文化是分别经历了各不相同的发展道路而形成的，其内容和特色在许多方面也截然不同。

　　一般来说，东方赏石文化比较注重人文内涵和哲理，有比较抽象的理念和人格化的感情色彩，其观赏主体（自然石种、天然石形）往往丰富多彩，甚至可以随心所欲、因人而异；而西方赏石文化则比较注重科学和历史的内涵，有比较直观、明确和科学的理念，其观赏主体常以各种动植物化石和多姿多彩的矿物晶体与标本为主。因此，可以这样认为：东方赏石文化实际上是东方民族传统文化（感情、哲理、信念和价值观）在观赏石领域中的反映与延伸；而西方赏石文化则主要是某些科学、技术的基本知识在具观赏价值的自然物（石头）方面的展示和印证。

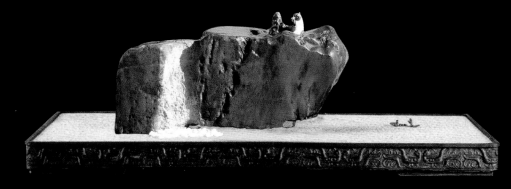

△ **瀑布**

彩陶石　19厘米×15厘米　关明辉藏

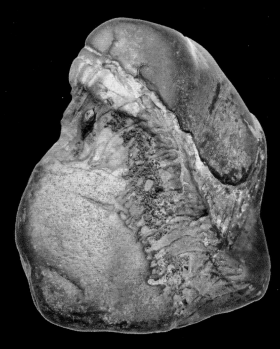

∝ **顽猴**

马安彩陶石　8厘米×11厘米　全建淮藏

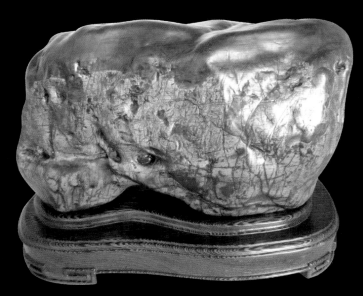

△ **无题**

马安彩陶石　25厘米×40厘米　高东升藏

△ **遗迹**

大化石　22厘米×16厘米　关明辉藏

赏石艺术约在1500年前起源于中国，从618年到907年，介于唐宋之间，盆景艺术大约也在这段时间起源。这种艺术形式在亚洲传播开来，约在1205年传到了朝鲜和日本，受到那些喜爱音乐、水彩画，尤其是书法和诗歌的学者们的认同，赏石艺术受到了道教和禅宗哲学的巨大影响。由于中国画的传统纲领是捕捉自然美好山川风光的神韵，以简单的毛笔笔触营造出超然物外的寓意，因此赏石艺术就激发了另一种层次的感知力。

△ **练瑜伽的姑娘**

武义黄蜡石　18厘米×13厘米　丰廷华藏

△ **天下为公**

武义黄蜡石　17厘米×14厘米　丰廷华藏

随着这种传统进一步传到亚洲半岛和不同的国家，赏石艺术同各个国家的地理、文化、传统相结合就产生了微妙的变化，中国赏石艺术趋于取自河溪或挖自地下的复杂直立构造，它们呈现一种相对近距离的鲜明的山岳景观，观赏者被它们的美深深打动，心驰神往，仿佛进入仙山圣界的纯净氛围之中。

在日本，由于火山风景众多，因此赏石更多地表现为一种均衡与平静的沉睡状态，由于世人崇敬的富士山以优雅著称，因此形式完美的远距离观赏石最为普遍，而且还增加了反映季节的价值，白色谷粒代表白雪，不同的灯光和颜色寓意秋天或夏天，或者一天的不同时刻，这种千百年来同自然力抗争而形成的均衡和韵律，具有极高价值。这些石头在房间里默默地展示，赏石仪式本身就同日本茶道仪式一样精致和微妙。

朝鲜赏石通常被放在盛沙的陶盘或青铜盘中，既能在石头周围产生一种氛围，又能够让石头吸收在观赏前洒在其上的水分。据说赏石最高雅的享受是体验石头在干燥过程中发生的变化，石的颜色微妙地从深色变为浅色，如同黎明带来大地的变化一样，等待捕捉这些少有的宝贵时光要有耐心。它是一种在赏石艺术中必须具备的修养，在这些时刻，观赏者被领入了一种绝对平静的心灵状态之中，由于可放在沙盘里，哪怕是形状最不规则的石头也更易平衡，所以更易寻找合适的石头，逐渐地赏石艺术在朝鲜也就非常普遍了。

第二章

灵璧石收藏与鉴赏

一

灵璧石的历史

△ 守护神

磐石　31厘米×22厘米　马方永藏

△ 八面秀峰

磐石　43厘米×31厘米　马方永藏

灵璧石历史悠久，名冠古今中外，早在战国时期和北宋时就被列为贡品，它和英石、太湖石、昆石同被誉为"中国四大名石"，并居首位，被前人总结出瘦、皱、透、漏、奇、清、坚、响的审美特征，诸美俱备，璀璨瑰玮，奇绝天下。

说到灵璧石，就要说灵璧石的悠久历史。其实，所有的石头都历史悠久，其形成都有千万年乃至10亿年以上的历史，比任何收藏品都历史悠久，我们说灵璧石历史悠久，指的是它的历史文化悠久，指的是中华民族有着悠久的爱石、赏石、藏石的传统。

1 | 悠久历史奠定地位

出于安徽省灵璧县的灵璧石文化，它起于远古，兴于春秋战国，发展于秦汉，盛于唐、宋、明、清各代。早在战国时期，灵璧石就成为美石贡品。

君王之尊，雅士之爱，历代帝王和文人的追捧成就了灵璧石的地位。汉高祖刘邦，唐玄宗李隆基，宋徽宗赵佶，元世祖忽必烈，明太祖朱元璋，清康熙帝、乾隆帝都喜爱灵璧石，或视为神物，尊崇备至；明开国皇帝朱元璋曾将灵璧石凿之为器随身携带，以保佑平安。

隋文帝所爱的一种灵璧石，名曰"卧虎石"，现存放在陕西扶风法门寺内。

自唐朝开始，文人雅士将体积较小的石头搬入书斋欣赏，"园无石不秀，斋无石不雅"就从此说起。供石还作为珍品进贡给皇帝，后来有三位艺术修养较高的皇帝也是对灵璧石特别爱好。

唐代是观赏石崛起时期，其园林建筑虽多以太湖石为景，但灵璧石之藏鉴已有记载，如宰相李德裕之"醒酒石"等。

白居易早年居符离，在其《莲石》一诗中云"石倚风前树，莲载月下池"，便是对灵璧石之咏。

南唐后主李煜，有一"灵璧研山"，径长逾尺，共36峰，各有其名。

△ **逍遥**

磐石　19厘米×16厘米　马方永藏

峰洞相连、错落有致，下洞三折而通上洞，中有龙池、天雨津润，滴水少许于池内经久不燥，池水可以治眼疾。

两宋时期为灵璧石藏鉴之鼎盛期，帝王官吏及文人雅士已开始从以园林太湖石为主流转而玩赏以灵璧石为代表的书房清雅之物，当以南唐后主李煜和北宋末年苏轼、米芾、徽宗赵佶等人为代表。

"灵璧研山""宝晋斋研山""海岳庵研山（又名'苍雪堂研山'）""灵璧小峰""小蓬莱"等名石相继问世，《云林石谱》《研山铭》等名作亦应运而生，米芾拜石、东坡以画易石等名人佳话已朝野皆知。

此一时期，乃是灵璧石在历史上第一次大开采时期，也是赏石文化逐渐成熟之期。米芾之"皱、透、瘦、漏"之说便产生于此时，灵璧石为"四大名石"之首也定位于此时。

北宋最有艺术气质的一位皇帝——宋徽宗，亦酷爱玩石，并在大内修广济库，以储天下名石。为求祥瑞，在开封修建"万寿艮岳"，派人到江南各地搜取奇花异石，史称"花石纲"。园中以灵璧石为独立景的有"万态奇峰""望云龙座""金鳌玉龟"等40余块巨型石。

其中有一块灵璧石，他十分欣赏，作为神物对待，并亲自题写"庆云万态奇峰"的条幅，亲自为该石披红挂金予以推崇。

△ 神鹿

磬石　48厘米×28厘米　马方永藏

徽宗皇帝视灵璧石为灵异神物，珍藏的一方"灵璧小峰"，长约六寸（约0.2米），玲珑可爱，胡桃皮、沙坡、水道皆有。山峰之半有圆白小月，晶莹如玉，徽宗御题"山高月小，水落石出"八个小字于其旁。

宋徽宗爱石，更钟爱灵璧石，南唐后主李煜的"灵璧研山"石失落民间一百年后，宋徽宗经多方搜寻，利用皇权，强纳入宫。

由于徽宗在京都开封之东北郊筹建寿山艮岳而引发在全国各地搜寻奇花异石，虽然导致贪官横行，民不聊生，但客观上却推动了灵璧石的开采和收藏。

南宋以后，灵璧石之收藏鉴赏之风更盛。赵孟頫之"灵璧香山""五老峰""小岱岳"等名石鉴赏诗文已多有记载，但至元及明的早、中期，灵璧石之收藏处于低潮，近乎沉寂。正如大文士王守谦言："国朝二百六十余年，寥寥无闻，即问土著者，亦竟不知灵璧石为何物。"

不管世风如何，米芾后裔代代都是观赏石爱好者，而尤以明代大书画家、收藏家米万钟为最。

到了清代，对于灵璧石的鉴赏理论及诗词歌赋，又因郑板桥等名人大家而传诵于朝野，惶惶然已具神逸儒雅之风，为灵璧石平添了几许文采和神秘。

由于灵璧石享誉天下，历代文人雅士及皇家贵族，纷纷刻意搜求，每有所获视为至宝，置以佳座，日夕耽玩，知音竞赏，甚至还有皇家贵族把灵璧石作为灵种异物，供于御苑。

乾坤朗朗，厚德载物。灵璧石为"天下第一石"，虽是乾隆御题，亦是众望所归。灵璧石成名之古远，形态之奇妙，色肤之苍润，质地之坚贞，声音之清越，纹理之丰富，意境之深邃，寓意之玄奥，为其他石种所不能及。灵璧石名扬天下，全然凭借其自身之美及其文化渊源。

2 ｜ 从八音石到泗滨浮磬

神奇的功能，造就了灵璧石神奇的历史文化。因其是10亿年前海藻化石，因此色泽黝黑天成，石质细腻润滑，叩之铿然有声，音韵悦耳动听，远在3000年前的殷代，灵璧石就被人们发掘并用于制作当时重要的乐器—特磬，因此又被称为"磬石"和"八音石"。

早在氏族公社后期（约4000年前），华夏民族的先民在黄河流域繁衍生息，游徙于黄河流域的部落联盟首领黄帝先后打败了南方蚩尤部落和黄河上游的炎帝部落，黄、炎部落合并成为华夏民族的主干，炎黄子孙就是从这里说起的。

△ **大慈大悲**

磬石　77厘米×26厘米　马方永藏

随着部落的统一，生产力的提高，就产生了与生产力相适应的各种文化现象，"石文化"就是其中的一种文化现象，灵璧石文化正是伴随着音乐文化而名声大振。由于灵璧石叩之有声，且声音清润、悠扬、悦耳，因此灵璧石为音乐文化的发展奠定了基础。

当时黄帝让一个叫伶伦与垂的人制造磬和钟。他们远走山川，寻找制磬材料，最后终于在磬石山发现了灵璧石。正是利用灵璧石材料，他们按音取材，磨制成磬，然后按一定的顺序组合成一组或几组，于是就形成了编磬，演奏者按照一定的规律击打，便形成了美妙的乐曲。

远古时代的帝王都重视音乐，因而都看重灵璧石。帝颛顼让飞龙氏制作《承云乐》。帝喾让咸黑和柞卜创造《九招》之乐。

据史料记载，尧时已有"八音"之说。何为"八音"？有两种说法：一说当时的八音，是指八种乐器，在八种乐器中就有灵璧石制作的石磬。一说灵璧石敲击时能发出金属般的响声，不同的灵璧石能发出八种不同的声音，同一块灵璧石厚薄不同、敲击的部位不同，也能发出不同的声音，有的石片竟能发出八种不同的声音，因此灵璧石又被称为"八音石"。

舜曾对夔说："命汝典乐，教胄子。"舜逝世后，夔仍是乐官，"击石拊石，百兽率舞，庶尹允谐"。

△ **鱼跃**

白灵璧　33厘米×26厘米　马方永藏

△ **香炉**

磬石　15厘米×20厘米　李辉藏

　　为何石头成了乐器呢？因为远古生产力水平低下，还没有出现金属乐器。由于灵璧石叩之有声，因此成为先民首选的石质乐器了。

　　灵璧石最早的文字记录出现在我国现存的最早的历史文献战国时期的《尚书》中，《尚书·禹贡》曾载："厥贡唯土五色，羽畎夏翟，峄阳孤桐，泗滨浮磬，淮夷蚌 珠暨鱼。"禹时就有一"泗滨浮磬"之说，当时属"九州岛"之一的徐州进贡的是"泗滨浮磬"，这很可能就是最早有记录的观赏石了。

　　据《禹贡》记载，磬石山在灵璧县北35千米处，距泗水30千米，禹时洪水横流，磬石山如浮水面，故曰"泗滨浮磬"。

　　灵璧石最早的现存实物是1950年春于河南安阳市武官村大墓出土的一件商代虎纹大石磬，现存中国国家博物馆。

　　磬是中国古代一种石质打击乐器，磬仅用于祭祀仪式的雅乐乐队。磬和钟作为乐器和礼器，是统治者权力和身份地位的象征，被视为国之重器。河南商代虎纹大磬为灵璧石所打造，它石质细腻灰黑，间有白脉如玉等为灵璧磬石独有的特征。

　　编磬的用材主要是灵璧石。战国时因灵璧石叩之有声，清润悦耳，音色独具，非他物所能代之。

　　殷代人利用灵璧石的独特音乐制磬。《晋书》记载当时皇帝令人采磬石，以备大乐江左。

　　民国年间，灵璧艺人精心设计制作了一只特大的镂花石磬，敬奉于中山陵。

△ 悟圆

磐石　52厘米×41厘米　李辉藏

新中国成立后，我国第一颗人造卫星1970年遨游太空时，自豪地向全世界播放了悦耳的《东方红》乐曲，那清脆悠扬的旋律就是用灵璧磬石制作的编钟演奏的。

随着科学技术的进步，灵璧艺人创制出许多新式的石磬，如刀磬、八卦磬、鱼磬、镂花磬等。为进一步提高磬乐的使用价值，又开发出一种磬石琴，其结构由琴盒、琴架、琴弦、磬石片、琴锤组成，琴片都是用上等磬石磨制而成，其上雕绘花纹图案，灵璧艺人凭听觉和校音器，按1、2、3、4、5、6、7排列，把发音不同的磬石片组合成磬石琴，用其演奏，声音铿锵悦耳，如鸣佩环，如闻天籁之音。

△ 玉树临风

磬石　34厘米×33厘米　李辉藏

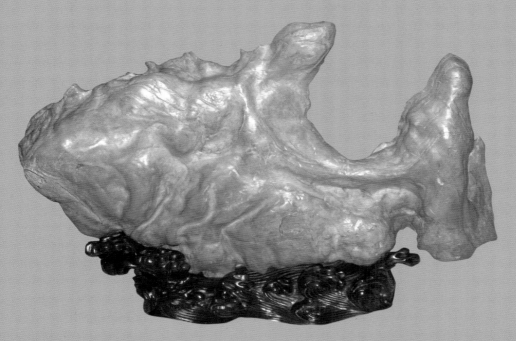

△ 海洋鱼

40厘米×13厘米　马方永藏

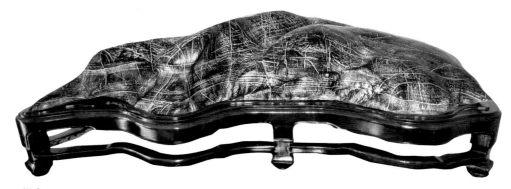

△ **远山**

磐石　60厘米×40厘米　李辉藏

在灵璧磐乡，这种磐石琴已走进课堂，开设磐石音乐专题欣赏课和编磬演奏表演课，学生不仅了解了磐石琴的历史文化，而且还产生了浓厚的音乐兴趣。

3 │ 天下第一名石

因灵璧石为历代赞誉美石，清乾隆皇帝下江南，为能一睹灵璧石的风采，特改道灵璧县欣赏灵璧石，千奇百怪的灵璧石让他心动，欣然题写"天下第一名石"予以称赞。

乾隆皇帝御笔题写灵璧石为"天下第一名石"，将灵璧石提到了至高无上的地位。

乾隆皇帝称灵璧石为"天下第一名石"，不是凭空而名的，而是有根据的，其根据就是宋代《云林石谱》《洞天清禄集》等古代典籍，这些典籍均把灵璧石排名第一。

《云林石谱》记载石品116种，把灵璧石排在第一位。

据《云林石谱》载：灵璧石在土中，随其大小具体而生，或成物状，或成峰峦，其状颇有婉转之势。或多空塞，或质偏朴，或成天地之像，或状四时之景。

《云林石谱》详尽介绍了灵璧石之产地、采制方法，首述了灵璧石具有"石理嶙峻""青润而坚""扣（叩）之铿然有声"等特色。

在明代文震亨所著的《长物志》中，也评价灵璧石为"天下第一名石"："石以灵璧为上，英石次之，二种品皆贵，购之颇艰，大者尤不易得，高逾数尺者更属奇品，小者可置几案间，色如漆、声如玉者最佳。"

明人赵希鹄《洞天清禄集》中的"怪石辨"一章里列有灵璧、道石、融石、川石、桂川石、邵石、太湖石七种，亦把灵璧石排在首位。

《洞天清禄集》阐述了灵璧石之真伪。其文曰："灵璧石出绛州灵璧县，其石不在山谷，深土中掘之乃见，色如漆，间有白纹如玉，然不起峰，亦无岩岫。佳者如菡萏，或如卧牛，如蟠螭，扣（叩）之声清越如金玉，以利刃刮之略不动，此石能收香，斋阁中有之，则香云终日盘旋不散……伪者多以太湖石染色为之。盖太湖石亦微有声，亦有白脉，然以利之则成屑。"

△ 云秀

磬石　40厘米×25厘米　李辉藏

△ 英姿勃发

磬石　55厘米×35厘米　李辉藏

△ 明镜高悬

40厘米×30厘米　李辉藏

由此可见，古人对灵璧石的研究可谓详尽之至，不仅道出灵璧石的特别名贵之处，并详辨灵璧石真伪的特征，实为灵璧石的知音。

正因为灵璧石格高韵雅，奇美可人，集众萃于一体，乾隆皇帝把灵璧石赞誉为"天下第一名石"，这一高度赞誉成为灵璧石文化的一个闪光点。

说到灵璧石文化，还有另一个闪光点，就是至今人们都熟悉的宋代诗人方岩写的《灵璧磬石歌》一诗。该诗写道：

灵璧一石天下奇，体势雄伟何巍峨。

巨灵恕拗天柱掷，平地苍龙卷首尾。

两片黑云腰夹之，声如青铜色如玉。

秀润四时岗岗翠，乾坤所宝落世间。

无论是"灵璧一石天下奇"的描述，还是"天下第一名石"的评价，"第一名石"名在历史，名在品位，名在文化。

◁ 吉象

磐石　43厘米×40厘米　李辉藏

二 灵璧石的种类

　　灵璧石种类众多，造型变化丰富，象形若物包罗万象，据徐州石文化研究会王文正归纳整理，灵璧石有28个大类，王文正在他编撰的《中国灵璧石》石谱中统计，通过灵璧石收藏家的不懈努力，灵璧石品种的发现和开发已达196个品种之多，在王文正著的《中国灵璧石谱》中，又把灵璧石划分为52大类400多个品种，其中的红灵璧、黄灵璧、白灵璧和五彩灵璧，更是色彩纷呈、形质俱佳。类别和品种的划分，为广大初涉者辨别灵璧石提供了参照样本，灵璧石石种丰富，有不同的分类法，当代大的分类也已逾数十种。参照有关史料的记载，综合各家观点，灵璧石大体可从以下几个方面分类：

1 ｜ 按石质分类

　　灵璧石的石质品种较多，根据地质勘查和已有的开发挖掘，世界上没有一种观赏石能比灵璧石的储量大、品种多。据估计，自1987年以来，已挖出的灵璧石约30余万块，现已统计出460多个种类，这个数字还在不断增加，为收藏家提供了广阔的选石空间。

　　按石质分类，灵璧石有如下种类：

　　（1）磬石类

　　有墨玉磬石、灰玉磬石、红玉磬石等，此类石种也统称八音石，除颜色、形体差异较大，其石态、石质等方面基本相似，玲珑剔透，叩之有声。

　　灵璧石主要品种的本身色质是黛青、黑碧玉（如灵璧磬石、灵璧龟纹石），黑色是永远的流行色，又是正规社交和正式礼仪场合的主基色。黑色深沉、庄严、稳重、大方，2004年一件精美的灵璧石藏品被宿州赏石学会赠送给中南海收藏，也是2004年，一方名为"盛世腾龙"的精品灵璧石也被安徽灵璧县赠送给人民大会堂收藏。这体现了有悠久历史文化背景的灵璧石在中国赏石大潮流中所处的重要地位。

△ 风雨乾坤

磐石　115厘米×78厘米　马方永藏

（2）龟纹石类

音质、形态、石质基本与黑灵璧相似，不同的是其跌宕起伏的形态之石表，凸显着纵横密布的龟裂纹，是灵璧石中最为名贵的品种。

龟纹石形状由大小不同的圈状纹理所组成，较规则地分布，形似龟甲上的纹理，故而得名。这种石的质地坚硬清润，经常抚摸更加增色润泽。这种石为前些年挖掘，目前已很难采掘到。

（3）骨架石类

色如死骨，干涩无光，是方解石、白云岩及石膏石的聚合体。骨架石常作点缀盆景之用，动物状的佳品可作供石。

（4）花山青霜玉类

石质较硬，7以上，手感滑润，天然光洁，以红、黑两色组成，深嵌体中，形美以山丘象形居多，独成一体。

（5）透花石类

此石多为圆、椭圆状。黑、灰底色展现出人物、植物、山川、清溪等，形象典雅，栩栩如生，透过背面以强光照射，观之韵味无穷。

（6）龙鳞石类

龙鳞石类又称碗螺石，地质部门称为叠层石，其称谓与碗螺有关，根据色泽又有红碗螺、灰碗螺、黄碗螺、青碗螺之分。

龙鳞石外表形态与灰灵璧极为相似，有的又似页岩中的千层石。但其石表纹理中，无不明显露出藻类植物的痕迹，个别的藻类痕迹呈螺旋状排列。

此石种的原始石身均有鳞状，直观感强，石身有规律地排列无数条龙身形体，且头、尾完整，如切片加工、打磨石上光，则平面显露出个个螺状环体图案，层次分明，轮廓清

△ 探云

磐石　68厘米×36厘米　马方永藏

晰，环状色差较大。

　　龙鳞石常以卧式之状作供石，有行云流水之韵、山丘梯田之貌。偶尔有人物或动物的状态问世，但极为罕见。如有，可谓是灵璧石中的绝品。

　　人民大会堂的南门和西门廊下的擎天巨柱的石座，就是用灵璧石中的红碗螺石雕制的，红碗螺又称紫色碗螺，产于灵璧县九鼎镇的李寨村。它是上古时期的一种螺旋藻体的化石，质地坚硬，达5度~7度。

　　红碗螺表面有红、白相间的铜制钱和牛眼圈形图案，色彩十分鲜艳夺目，集典雅、奇秀、富贵于一身，把它作为中华民族最重要的大厦之砥柱石，这是灵璧红碗螺诚信坚贞的品质、富贵典雅的色彩所赢得的重托。

2 | 按色彩分类

　　按色彩分类，灵璧石有如下种类：

　　（1）彩灵璧

　　质地细腻，色彩有棕色、棕褐、土黄、赭黄及以上各种色彩相互缠绕等。彩灵璧以色彩取胜，基本上没有动物的形状，叩击彩灵璧声音较为沉闷，也有的没有声音。彩灵璧以天然具洞穴、形态轻盈、色泽鲜亮为上品。

△ **雪漫苍山**

五彩白灵璧　36厘米×23厘米　陈琼玉藏

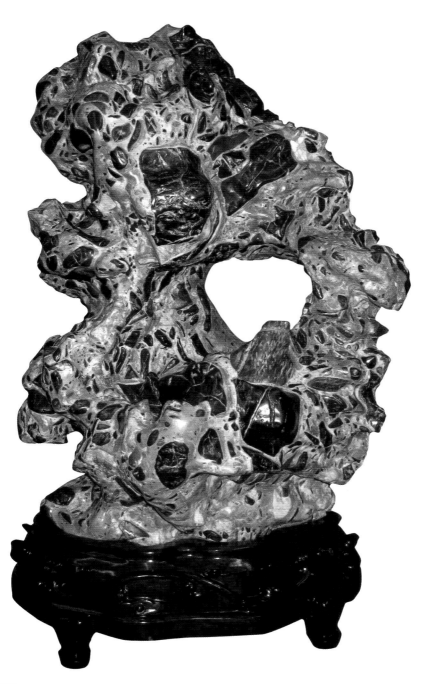

△ **富贵祥和**

彩灵璧　52厘米×40厘米　马方永藏

（2）五彩灵璧石类

彩灵璧只要有一种颜色或两种颜色就可以称为彩灵璧，而五彩灵璧石类需要五种以上的颜色，是一种更为珍稀的品种，其色彩缤纷，黄、绛、红、青色花纹雕嵌，曲折有致，如山川、河流、清泉、小溪、朝霞，或黑云压城、洪荒无情。

（3）白灵璧石类

有红白灵璧石、黄白灵璧石、灰白灵璧石、褐白灵璧石数种，各底色呈现斑斑点点的白玉，质地坚硬，如积雪、白云点缀通体，天生丽质，自胜粉黛。

白灵璧石质地极为细腻，雪白似玉，是方解石和白云岩的聚合体。白灵璧无奇形怪状的外貌，唯有冰肌玉骨的神韵。

（4）五彩白灵璧石

五彩白灵璧石被诗人称为"五彩透花白灵璧"，其质地坚硬，纹理特别，色彩艳丽，气质高雅，近年来备受爱石者的赏识和青睐。

五彩白灵璧石色彩缤纷灿烂，或黄，或绛，或褐，或各色相间，而且其间又都嵌以青色的花纹，纹理特别，曲折有致，有的像山川、河流，有的像清泉、小溪，有的像鸟兽、鱼虫，隐现其间，惟妙惟肖。更为奇特者，每石之上又天然生有白色的石质，皎洁丰润，素雅清丽，具有鬼斧神工之妙。所以今人有诗赞曰："灵璧彩石奇中奇，身镶白玉披彩衣，深藏土中现丽质，高踞山巅吐皓气。"

灵璧当地的灵璧石收藏家陈琼玉特别钟爱五彩白灵璧石，谈到五彩白灵璧石，他认为五彩白灵璧石以山形石为佳，小小一座山峰，斑斑点点的白纹，或浮在山巅，或镶在山腰，或绕在山麓，像积雪，像白云，像银花，星星点点，点缀其间，皎如皓月，润如处子之肤，条条青色的花纹又分布其上，如瀑布，像清泉，似小溪，纵横交流，景致奇变。

陈琼玉说："五彩白灵璧石，虽然具有天生的丽质，却以山石为伴，以泥土为友，其清高淡泊的情怀，高雅朴实的气

△ 乐舞

彩灵璧　59厘米×44厘米　李辉藏

质，给世人留下了美好的印象。古往今来，多少文人墨客、饱学之士，不慕人间荣华富贵，隐居山林以清风、皓月为伴，其芳名掌故流传千古，被后人称为君子。啊！这五彩白灵璧石不正体现了君子的浩然之气吗？"

五彩白灵璧石深受藏石家的喜爱，中原观赏石文化研究会李广岭有诗赞曰："积雪浮山巅，陡崖流清泉，方寸小天地，气象有万千。"

（5）黑灵璧

通身漆黑，质地坚韧致密，音质清脆。黑灵璧中天然形成山峰者为上品，自然形成动物或人物肖像的为珍品。

（6）黑地白纹灵璧

石质坚硬细密，并间杂粗细不等的白色分解石条纹，纹理状似蟹爪蟠螭，黑白分明，是灵璧石中的佳品。

（7）灰灵璧

通体灰黑，质地细密，音质沉闷，外形怪异。灰灵璧常以天然呈现动物形态，而使人拍案叫绝。

3 ｜ 按纹路分类

按纹路分类，主要是指按灵璧石的图案分类。灵璧石质地复杂，外表粗糙，色有青灰、褐黄等，并缠绕层层灰黑纹，常以构成各种图案而为藏石者所青睐。所谓纹石，就是观赏石的表面形成各种纹理的观赏石。

纹路形成了灵璧石的图案。图案石是灵璧石中的一个特殊品种，它的纹理粗细不等，且一块大小不同的石头上只构成一个完整的画面，这些图案形成了"天师钟馗""南海观音"等，被称为图案石。

在灵璧石各个品种中，纹石更富于变化，是灵璧石中最难得的一种，这种观赏石储量少，且目前已很难开采到，出产范围小。

按纹路分类，灵璧石可分为如下品种：

（1）蝴蝶纹

蝴蝶纹形状为大小不同的形似蝴蝶的纹理所组成。这些纹理不规则地分布，蝴蝶也大小不一，大者如碗口，小者似铜钱，还有

△ **脸谱·孙悟空**

蝴蝶纹石 杜钢藏

更小者。蝴蝶一般和其他纹理交错分布，有的一块石头上仅有一只，有的石头上有两只或数只，宛如蝴蝶飞舞在蓝天上、草丛中。

（2）核桃纹

核桃纹是灵璧磬石表面的形似核桃的纹理。这种石头在灵璧石当中比较多见。核桃纹有大的褶皱，这种褶皱较深。另一种是小的褶皱，纹理较细。

（3）凤凰纹

凤凰纹是灵璧纹石中极少见的一种纹理。藏家经过长期观察与搜寻，也仅发现了极少的几块。

凤凰纹形似凤尾，和其他纹石不同的是凤凰的图案一般在一块石头上仅有一只，分布两只的已属罕见。且在整个画面中舒展分布，似现非现，似是非是。有的似回首独立，有的似腾空飞翔，有的似飘然欲落。这些巧妙的风姿正能对应人们想象中的"神物"，是画家笔下的凤凰所不可比拟的天工杰作……得此一石极其珍贵，十分吉祥。

△ 昆仑飞雪

磬石　80厘米×50厘米　陈琼玉藏

（4）猫头纹

猫头纹是一种形似猫头的纹理。猫头纹的分布变化大，错综交织，大小不等，很难分辨。在一次石展上有一块观赏石的命名是"你看这块石头上有几只猫"，众多的人争相辨数，有的说六只，有的说八只，其实上面是九只猫……大家数着乐着，其味无穷，一块小小的纹石，引起大家这么大的兴趣，可见观赏石的诱人魅力了。

（5）汉字纹

灵璧石的纹理，象形字的为数不多，这些字有的是甲骨文，有的是草书，有的是正楷。2011年春天笔者发现了一块带汉字的磬石，此石长66厘米，宽28厘米，厚28厘米。其上有像用正楷书写的"人"字，直径5厘米，一撇一捺十分规范。更绝妙的是字的笔画边沿有一道细纹勾出，观赏者十之八九都认为是人工雕凿，但实为天工，并非人为。

（6）竹叶纹

灵璧磬石表面有的风化出形似竹叶的纹理，称为竹叶纹。这种石在灵璧纹石中不多见。

（7）树叶纹

灵璧石表面有的风化出形似树叶的纹理，称为树叶纹，也属稀有的纹理。

（8）脉波纹

在灵璧纹石中有一种线条很直且有高低起伏以脉波形式变化的纹理，称为脉波纹。

△ 蝴蝶纹石

杜钢藏

△ 绝壁栈道

磬石 杜钢藏

△ **猛兽出山**

磐石　杜钢藏

（9）大圈纹

大圈纹似一个大大的圆圈，通常圆圈呈不规则的水波形状，往往圈外有圈，少则两三圈，多则十多圈。大圈纹之外，往往还有其他纹理，如湖光山色。

（10）印花纹

印花纹是极少见的一种纹石，纹理像印花布面，每朵花1.5厘米见方，有规律地排列，布满整个画面。

（11）水线纹

一块纹石上线条有规律地按水平状态层叠状分布的纹理，为水线纹。这些纹理是自然界流水冲刷留下的年轮。有规则的水线纹石稀有罕见，是难得的珍品。

4 | 按放置处所分类

灵璧石按放置处所分类，有大石、小石、微型石和巨石。

大石通常置于家庭厅堂、宾馆酒店大堂、会议室等处。

小石一般置于书房、卧室、走廊的书架、博古架、花几、桌柜之上。

微型石通常用来把玩，可放置于衣服口袋中，古人常藏于袖中，米芾的那块被上司拿去的小石就是藏于袖中的。

巨石放置于家庭和单位庭院、花园小区、巨大的馆舍、会议室内及公共场所等处。

灵璧石还有许多分类法，也有人按形状色彩，总体分为磬石、龙鳞、五彩、青霜、透花、白石、白马纹石七大类，每类又分若干品种，如磬石类有墨玉磬石、灰墨磬石、红玉磬石、三花磬石等众多品名。还有更细的分类，有人统计达到28类196个品种，也有的将灵璧石分为52大类464个品种。

收藏者尽管不需要对灵璧石的各种分类都了如指掌，也不一定要对28类196个品种或52大类464个品种都死记硬背，但对各种分类法也是需要有所了解的，对大致的分类和主要的品种，是必须要熟悉的。

△ 鹅鹅鹅

磬石　马方永藏

△ 动如脱兔

磬石　马方永藏

△ 恐龙

磬石　屈则成藏

△ **黄山**

黄灵璧　屈则成藏

　　掌握了这些分类和品名，在收藏市场上看到一块灵璧石，能说出其类别和名称，就能知道其价值，有助于收藏判断。如果在收藏市场上看到一块灵璧石，连类别和名称都说不出，别说不可能买到物有所值的藏品，甚至上当受骗，买到假灵璧石了都不知道。

三
灵璧石的收藏方法

　　灵璧石的收藏方法和所有观赏石的收藏方法大致相同，但也有一些个性的东西，即要根据灵璧石的特点有的放矢地采取有针对性的收藏方法。

　　所以，收藏灵璧石，不仅要掌握具有共性的收藏方法，还要掌握灵璧石本身的特点，如灵璧石的价值高低与其出土流传年份有一定关系，时间越久，石头色泽越古朴归真，石体会发出成熟的幽光，这种难以确切言传的石表形象，行话称作包浆。而这种包浆，是很多其他石种并不具有的，这就要根据灵璧石本身的特点，学会鉴别和欣赏。

△ 涅槃

彩灵璧　屈则成藏

灵璧石的收藏方法主要应注意以下几点：凭眼光捡漏、了解灵璧石的历史价值、研究灵璧石的价值、永远追求藏品特色、为灵璧石配座、注重文化积累、收藏灵璧石的标准、灵璧石的保养。

1 │ 凭眼光捡漏

说到灵璧石的收藏方法，当然主要是买石的方法，是如何买到价廉物美的灵璧石的方法。其实，灵璧石收藏最好的方法是不花钱，因为其他藏品都是人工创造的，唯有观赏石是大自然的创造，是大自然对人类的恩赐，灵璧石是可以到大自然中拣取的。

灵璧石是破碎为一定块度后经地下水长时间溶蚀形成的可供观赏的观赏石。它形成后原地保存，并被泥沙埋藏起来，这样才能保证不被风化破坏。

要到大自然中采集灵璧石，首先应了解石脉走向，范围路线也应大致确定。然后到山坡上有形成和保存条件的地段去找，有时在新滑坡处更易找到，因为自然力已为我们扒开了覆土层。

采集灵璧石应主要采用挖掘的方法，这样才能保存原石的完整性，而且不会破坏自然景观。露头石较易挖掘，深藏石则非得有齐整的装备及较强的人力才能动手。

△ 气吞万里

磐石　屈则成藏

有的深埋地下的大块灵璧石，非钢锯、斧凿不能采掘，应抱着谨慎观察的态度。首先要明了是否违反当地政府有关水土保持的禁令，用硬力采集后对当地自然景观是否起到破坏作用，其次是采集的部位、角度要明确，大而无当反不如小而精巧。

但到大自然中拾取灵璧石，有一定难度，因为灵璧石只产于安徽灵璧一地，需要到产地去拾取，只有居住在当地的人才有这个优势。且灵璧石如今资源几近枯竭，即使当地人，也需要挖地三尺才能找到灵璧石，要拾到像样的灵璧石已不容易。

△ **千手观音**

彩灵璧　屈则成藏

那么，还有一个办法，就是在市场上找。有时，石商堆积一些普通石头统一标价为10元、20元、50元等，对于收藏者，这样的价钱已很实惠了。石头堆里面也有精品，关键是看你的眼光。

如曾在江苏省煤炭局当干部的灵璧石收藏家单瑞普，就在乱石堆里拣了一块灵璧石，后来一整理，成为价值几十万元的观赏石。

这块名为"云龙"的灵璧石，石头的上部就像一个栩栩如生的龙头，眼睛、鼻子、嘴巴清晰可见。石头下部的纹理则像一片云。单瑞普是在一堆乱石中发现它的，当时它平躺在地上，上面全是脏兮兮的泥巴，没有人注意到它。单瑞普看到之后眼睛一亮，立即花很低的价格买了下来，回家后洗干净，加了个墩，成了一块人人羡慕的观赏石。行内人分析，这块石头现在价值少说也要几十万元。

这就是捡漏，捡漏是凭眼光捡漏。

60多岁的单瑞普已经退休，是一个"石痴"，为了收藏灵璧石，退休后，他离开南京独自一人来到徐州居住，只为了寻找自己一生钟爱的观赏石。

他有40年收藏灵璧石的历史了。年轻的时候，他在岳父家里发现了一块灵璧石，有几百年历史了，他感到这块石头很奇特，不仅外貌古怪，敲击不同部位的

△ 灵蛇动

彩灵璧　屈则成藏

时候还可以发出不同的声音。那声音也很奇特，像敲击金属制品发出的声音。后来，他知道这种石头叫灵璧石，出产于徐州附近的安徽灵璧县。于是，他只要一有时间就往徐州跑，到山上去寻找这种石头。

1975年，他去广州出差，在花木商店发现了一块很漂亮的石头，他看到后激动不已，立即花10块钱买了下来。坐火车只能带15千克行李，而这块石头就有10千克。那次出差他只带回了这块石头，同事们都笑他成石痴了。

灵璧石收藏多了，他创办了一家"石韵堂"观赏石馆，当上了馆长。

2 | 了解灵璧石的历史价值

我们常说灵璧石历史悠久，在古代就很值钱，那么，灵璧石在古代到底值多少钱呢？

或许，在古代，灵璧石比今天更值钱。一块灵璧石可以换取一套古宅大院，这是宋代书法家米芾干过的事。他用一块小小的灵璧研山换得了镇江名士苏仲恭甘露寺旁临江的一处晋唐古宅。这就是宋代精品灵璧石的价值。

用一块小小的灵璧石换取了一栋大大的别墅，按今人看来，米芾是占了大大的便宜。然而，尽管米芾似乎是占了大便宜，他却后悔不已。

这说明，一块小小的灵璧石，比一栋黄金地段的大别墅还要值钱。

这一价值判断是真实的。明代笔记《五杂俎》也记载了这样一个故事：宋代的叶少林经过安徽灵璧，看到有人售卖一块四尺许的灵璧石，爱不释手，遂以八百两银子买了下来。

八百两银子在当时是什么概念呢？可以买几栋别墅了。可见在宋代，灵璧石的价格就已是寸石寸金。

《清稗类钞》中也记叙了一个关于灵璧石价值的故事。

明末的时候，有个农民偶然获得两块灵璧石，状若屏风，厚约数寸，表皮莹润，造型不俗。江苏老子山的一座庙里，有一个法名悟本的和尚，生性爱石，某日经过灵璧县，听说此事，就上门拜访，央求农民把两块石头卖给他，最后双方以数两银子的价格成交。

数两银子的价格买到两块灵璧石，似乎价格不高，但要看看买家的身份，就知道为何不高了。买家悟本是和尚，和尚走天下都是不花钱的，而是别人给庙里送钱的，按理说和尚要两块灵璧石就应送给他，但这次，农民没有送石给悟本和尚，因为好的灵璧石太珍贵了，只是象征性地收了悟本和尚一点钱。

于是，悟本雇请船只，把两块石头运回老子山，又聘请吴中的巧手石匠，把

△ **悟透**

彩灵璧   屈则成藏

两块灵璧石打制成石磬，历时两年才完工。接下来，悟本又费尽心机找来香楠木，制成石磬的架子。而石磬系绳的地方，天然就有九个洞孔，婉转连环，与香楠木架子相配，顿然成了罕世的奇品。

没多久，悟本圆寂，他的弟子不肖，经常把师父生前的藏品偷出去卖钱。由于石磬是佛殿的供品，弟子也有所顾忌，不敢明偷。

一天，盱眙县令吴某乘船经过老子山，泊船到庙里观瞻。看到佛殿里的两块石磬，识货的吴某知道是不可多得的奇珍，摩挲良久而不忍释手。回家之后，吴某与门客谈及此事，言语中依然不胜艳羡。

门客揣摩出他的心思，为了讨好他，就想了一个鬼点子。数日后，门客把悟本的弟子带到吴某面前，说是寺庙年久失修，面临倾塌的危险，特来请求父母官资助修复。

吴某给了他三百两银子。悟本的弟子表示，为了感谢父母官的功德，愿意把庙里的两块石磬献给长官作为寿礼。吴某狂喜，却虚情假意地拒绝，经过门客和弟子的再三劝说，才勉强接受。

其实这一切，不过都是门客的诡计罢了。他事先就与悟本的弟子谈妥，以三百两银子的价格买下了石磬，然后把他带到吴某的面前，三方一搭一唱地演了一出天衣无缝的戏。这样，吴某获得两块石磬也就名正言顺，不会有巧取豪夺的恶名了。

吴某获得这两块灵璧石磬之后，请来擅长微雕的高手匠人，把诸多名人为石磬所作的赞记，刻在石磬的九个系绳洞孔里面，无形中又提升了石磬的价值。凡是观赏过的人，无不惊叹其为绝艺和珍品。吴某也非常得意，还把石刻铭文拓印下来，遍赠亲友，以夸耀珍奇，博取众人的赞誉。

吴某获得的这两块稀世之珍，也没有传承多久。吴某死后，他的孙子是个膏粱子弟，没过多久就把这两块灵璧石磬转卖给了淮扬盐商首富。

从这些故事可以看出，灵璧石是有价格的，当时只有高官富豪才能买得起。

3 ｜ 研究灵璧石的价值

　　前面讲到收藏灵璧石的捡漏方法，所谓捡漏，其实就是买到物超所值的灵璧石藏品，是凭知识和眼光高人一等而对灵璧石的价值判断有先见之明。

　　所以，收藏灵璧石时，首先要研究灵璧石的价值。什么是灵璧石的价值？具体到一块灵璧石的价值值多少钱？如何判断价值？古人用"瘦、漏、透、皱"四字来形容灵璧石之美。这就是一种价值判断，后人也将此作为评价观赏石的标准，但"瘦"值多少钱？"透"又值多少钱？这恐怕连专家也很难回答。

△ 浴火重生

彩灵璧　屈则成藏

　　这是因为，观赏石价格的构成因素十分复杂，一方面是根据当时的行情上下波动；另一方面某一块观赏石也因买卖双方个人的喜好程度而波动，带有一定的随意性，很难定出明确的标准和参考价。

　　但也是有基本规律可遵循的。辨别灵璧石的价值的高下优劣，应遵从几大原则，可从如下几个方面考量研究灵璧石的价值。

　　（1）整体造型的完整度

　　灵璧石的价值首先体现在完整度，即整体造型是否完美，花纹图案是否完整，有没有多余或缺失的部分，以及色彩搭配是否合理。观赏石一般不允许切割加工，须尽量保持它天然的体态，如是人为雕琢造型或修饰，则属于石雕艺术。专家提醒，在评价一块石头之前，先要从上下、前后、左右仔细端详它的完整度，若有明显缺陷，则应弃而不取。有些石头如果在断损处被重新黏合，其身价起码受损30%。

　　（2）色调不清属下品石

　　石纹是判断真伪的重要一环。目前，丰厚的利润也令部分不法商人开始伪造灵璧石。灵璧石拥有特殊的白灰色石纹，自然的纹沟呈"V"形，人工机械打磨的纹沟呈"U"形。

　　（3）石质的硬度适中

　　硬度是决定石质优劣的关键。矿物有抵抗某种外来机械作用的能力，通常用摩氏硬度计来测定。摩氏硬度标准分为10个等级，供欣赏的石头硬度应当至少在4度以上，以不超过7度为宜。灵璧石的石质就非常优越，硬度大致在6左右，如低于6的，说明质量较差，或者应是假冒的。

　　选购石头时也可以敲打石面，听听石音。好的石头，用硬棒叩击，能发出铿锵悦耳的声音，发出敲打朽木之声的属于下品。

　　（4）奇特的灵璧石价值更高

　　奇特的灵璧石，有一些独特功能和独特现象的灵璧石，价值更高。

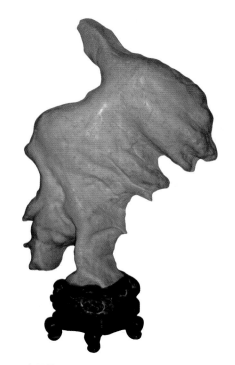

△ 金凤凰

黄灵璧　50厘米×18厘米　陈琼玉藏

△ **锦绣河山**

磐石　160厘米×140厘米　陈琼玉藏

　　如一位收藏家有一块龟纹灵璧石，此石酷似"戏水雏鸟"，最奇特之处在于它的"天气预报"的功能，每逢阴天下雨前夕，这块石头的颜色就开始发暗，上面本清晰可见的纹路也看不清了。然后，石头往外渗水。每次石头出现这种情况后，天气很快就会转阴或是下雨。

　　灵璧石是一种奇妙的石头，不仅外观常呈现奇特之状，还有奇特的音乐功能，能发出悦耳的音乐。这些有奇特功能的石头价值更高，值得收藏者重视和关注。

　　（5）造假灵璧石毫无收藏价值

　　与各类热门收藏一样，灵璧石收藏也存在着造假作伪现象。造假者常常对自然形成的石头采用切割打磨抛光、钻孔镶嵌、烧烤涂油等手法。

　　由于灵璧石硬度高，检验时可以用利刃轻轻削刮石之底座，刮出石屑即为假灵璧；灵璧石黑中映白的条纹清晰而众多，也是一种简便分辨标准。另外，选择象形石，要注意观察象形的突出部分（如手、足、翅、五官等），看其是否与主体浑然一体，是否有胶粘痕迹。

　　至于用电钻电锉斧凿、切面、锯底后，再用细砂磨、盐酸渍来处理的作伪手法，则需要仔细进行鉴别。

4 | 永远追求藏品特色

爱好灵璧石的收藏者，多数都看过无数的石馆，走过无数产区村子，浏览过无数网络观赏石图片，稍微留心一下，大家也一定会注意到，哪个石馆没有"龙虎豹"？哪个石馆没有"凤回头"，有哪个石馆没有"十二生肖"？哪个石馆没有"避雨""挂石""清供"？或比拟山川的"平远山峰""平原山峰""立体山峰"；或以洞比天，以凹比池，以平比台，以沟比川；或聚财，或散财等。

不仅仅石馆，就连老百姓家里，普通的农村，也几乎每个村子都或多或少看到过许多雷同之处。网络上更是荟萃了林林总总的龙虎豹和峰川林等。

看多了，看久了，走遍了，会发现太多的重复。虽然说世界上没有相同的两片树叶，这石界中也没有两块相同的石头，但局外之人看树叶，感觉都差不多，即使玩了多年灵璧石的藏家，也会突然感觉，怎么石馆都这么类似啊？

为此，灵璧石收藏家秦文联强调："收藏要有自己的特色！与众不同！出其不意！我辈凡人，可能没有也不可能具有足够的财力，收尽天下的好石头，单单灵璧石，可能谁也没有这样的财力能够收尽天下所有的精品灵璧石，甚至连见到满意的就买也是几乎不可能的事情。跟人家硬拼财力，看来是山外有山，人外有人。"

△ **苍山春意浓**

灵璧彩石　　50厘米×28厘米　　陈琼玉藏

所以，秦文联提醒收藏者和石
商，凡经过几年的灵璧石收藏的磨
砺，至今没有卖过一块石头的石友，
会慢慢地发现，你的藏品里比较有特
色的是什么，比较成气候的是什么，
比较多的品种又是什么。

接下来就是要明确自己未来的收
藏方向。灵璧石收藏家秦文联，13年
来已经收藏了7块北京猿人了，据他所
知，目前石界范围内，还没有一个收
藏这一专题的藏家。"那么，灵璧石
北京猿人，就是我的收藏特色了。"

如何找到自己灵璧石藏品的收藏
方向呢？秦文联有一番具体的提示：
你的人物石收藏得比较多，那你就专
攻人物石；你的虎豹比较成气候，你
就主攻虎豹；你的山形特别大气壮
观，那你就主攻山形好了；你的小品
石比较有特色，就主攻小品好了；你
的白马龟纹石成了气候，就主攻白马
龟纹好了；你的白灵石别有实力，你
就主攻白灵吧。

接下来，就是把手里的非主攻方
向的灵璧石藏品通通卖掉，变成钱，
再去发展你的主流灵璧石藏品。"当
你卖掉你的非主流藏品时，你是一点
点也不需要心疼了，因为你有了自己
的方向。"

显然，找到收藏方向，首先要掌
握灵璧石的种类。灵璧石的分类过去
一直没有统一明确的说法，给藏友收
藏带来了诸多麻烦。2004年，灵璧县

△ 丹心照日月

红灵璧　60厘米×30厘米　陈琼玉藏

△ 济公

磐石　48厘米×28厘米　陈琼玉藏

人民政府举办首届中国灵璧石文化节期间，赏石专家郑锦之先生在主编《中国灵璧石精品荟萃》时，对此进行了大量的研究。

根据《中国灵璧石精品荟萃》的分类，按体量大小，分为园林石、厅堂石、案头石和把玩石；按质量分为纹石、磬石、五色石和其他品类；按形象分为景观石、象形石、禅意石等。

上述分类中，除园林石因为体量的因素，一般藏友很少涉足外，其他都可以根据喜好作为收藏对象。

秦文联曾经在宿州一个资历很深的灵璧石收藏家手里，得到两块北京猿人灵璧石。在这位收藏家看来，他的拳头藏品是三羊开泰，镇馆石是他心爱的雄狮和一头拓荒牛，而不知道北京猿人对于秦文联之宝贵。当然，在他眼中，北京猿人相对于他就是非主流了，而对于秦文联，简直就像是天上掉馅饼一样。

所以，龙虎豹虽然重复，要是一位藏家一下子收藏了200尊的龙虎豹，一旦对世人公开，将产生惊人的效果和影响。

收藏者可以多看一些精品石馆，如山东烟台的缘石堂，就是以灵璧石精品为收藏目标的一家精品石馆。

缘石堂的收藏理念是借石冶性，凭石结缘。缘石堂藏有观赏石、趣石、顽

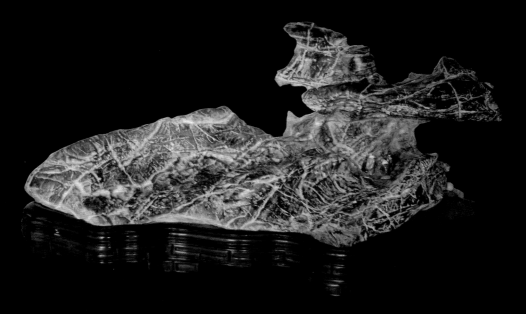

△ **古堡幽情**

灵璧彩石　60厘米×30厘米　陈琼玉藏

△ **桂林山水**
灵璧彩石　　60厘米×35厘米　　陈琼玉藏

石百余方，均为当世之珍品。缘石堂的宗旨是让所有的爱石、藏石、玩石者都能从观赏石中得到美的真谛、智的启迪，对石文化的交流与发展起到促进和推动作用。

确定灵璧石的专题收藏方向，确定自己的非卖品，知道哪些是自己应该好好珍藏的东西，才能形成自己的专题特色和系列特色，那么，把自己不需要收藏的灵璧石卖掉，以石养石，就会变别人的"垃圾"为自己的精品。

灵璧石的一些大藏家都有自己的特色藏品，特色藏品往往是精品石组成的。如徐州灵璧石藏馆金山石馆的"天然佛文化"，就是一方精品石。佛文化在中国源远流长，但能显示出佛文化色彩并组合成为系列的观赏石，世所罕见。"天然佛文化"就是一组系列观赏石，分别采用江苏栖霞石、太湖石、吕梁石以及广西幽兰石、福建根抱石、巴西紫晶石等。每方作品都含有浓郁的佛文化色彩，其中"千佛壁""千佛洞""七级浮屠"等，都是全国大赛获奖作品。

金山石馆的"古生物化石墙"系列藏石，表现了古生物化石。亿万年前，古代生物的遗体、遗迹能保存为化石的机会是很少的，金山石馆这一系列的墙面上镶嵌的化石，系距今3亿年前生活在晚古生代泥盆纪海洋中的震旦角和三叶虫，该生物以食腐泥为生，底栖爬行，或作短距离游泳。

　　该化石墙面积达120余平方米，耗用化石板40吨。这批化石发掘于湖北与四川交界处的同一石窝，其存量之大，形体之美，世所罕见。金山先生采集后将其层层剥离，打磨出部分形态，以独到的构思镶嵌于墙并饰以恐龙蛋、剑齿虎等珍稀古生物化石及大型天然石鳄鱼、恐龙、蜥蜴等，使该墙不仅具有珍贵的科研价值，也具有难得一见的观赏价值。

　　金山石馆的"乐在'棋'中"，组合中共有四组人物下棋，形态各异。这是从数百方人物象形石中精选出来的反映棋类活动的人物系列组合。此组合中的人物、棋台、棋子采用灵璧石、广西水冲石、幽兰石、彩陶石、江苏雨花石、吕梁石等天然石品，形态逼真，反映了人们怡情于棋的祥和景象。组合整体不仅具有很高的艺术性，也具有很强的趣味性。

　　金山石馆的"天然兵器"，是一组由天然古战车、石炮组成的立体画面。战车又名"征尘再现"，曾获全国性大赛特等奖，并应邀参加孔子艺术节展出。此石绝妙之处在于石上似乎保留着半轮尚未腐朽的车轮，似古代文化再现于世。战车是吕梁石，石炮是灵璧石，石弹是明朝文物，另有恐龙蛋、龟化石等充作小炮弹，看起来真实有趣。

　　金山石馆的组合石"丝绸之路"，分别采用灵璧石、水冲石、吕梁石、幽兰石等酷似骆驼和人物的石种组成，是金山藏石中较为壮观的一组系列。它是藏家金山历经二十余个春秋精心收集而成，最大的两块分别重达1500千克以上。

　　将群驼组合在一起，配上人物造型，外用栅栏相围，内用黄沙相衬，再现了昔日丝绸之路的辉煌。

　　"十二生肖"全国只有12个，而每个中国人都有一个，这是周恩来总理常向外

△ 熊猫

磐石　120厘米×98厘米　陈琼玉藏

国友人描述中华民俗文化独特性的人文传说。灵璧石收藏家金山经多年精心收藏，配全了"十二生肖"这一系列。它由龙、兔、马、牛、羊、虎、蛇、猪、鼠、鸡、狗、猴12枚象形石组成。

金山石馆的"天然人体"系列组合石中，天然石仿佛经过拟人手法的处理，变得十分柔美与和谐。人们对石之奇的惊叹也取代了原有的神秘感，组合石中有一只熊捂着脸，似乎羞于再见眼前的人体。这正是藏石家金山的神来之笔，可见，追求藏品特色的同时，收藏家其实也是艺术家，常有灵感的闪现和艺术的创造。

遗憾的是，金山先生发给笔者的系列灵璧石图片是经过压缩处理的，尺寸太小，达不到印刷要求，未能收录这些图片。但读者可从本书中收录的金山藏石"鹰"等石图中，感受到特色藏品的魅力。

△ **大将军**

红灵璧　50厘米×28厘米　陈琼玉藏

在金山石馆的系列组合石面前，鉴赏者体会到的已不仅仅是对观赏石的惊叹，而是有感于通过这种形式，再现一种文化。藏石家金山集几十年藏石实践，悟出的唯一真谛是注重发掘石文化的内涵，有的观赏石本身具有文化内涵，而有的观赏石通过系列搭配和组合才可实现，这些系列作品正是对石文化内涵的一种有益的探索，这也是金山藏石的独到之处，这就是永远追求藏品特色的成果。

永远追求自己的藏品特色，追求精品，找到收藏方向，这确实是一条事半功倍的最有效的专题收藏之道。

5 ｜ 为灵璧石配座

收藏灵璧石，要为灵璧石配座，以完美表现灵璧石的意境和美妙之处。

灵璧石作为居家摆饰、案头清供，或参加展览，列于厅堂，都有一个如何陈列的问题。灵璧石可陈设于几端，可供之于案头，也可以专做一只博古架（博古架分为扇形、圆形、方形），置放中小体量的供石。

　　无论如何陈列灵璧石，首先需要配置衬具，衬具主要是指底座。在确定了灵璧石上下正反的位置后，就要考虑衬具的材料、样式、大小等问题。

　　衬具主要有木座、水盘、衬板、几案等几种。清人梁九图在《谈石》一文中写道："石有宜架以檀跌者，有以储以水盘者，不容混也。檀肤所架，当置之净几明窗；水盘所储，贵傍以回栏曲槛。杂陈违理，贻笑方家矣。"

　　木座是灵璧石最常见的一种底座。它一方面可以陡增灵璧石的典雅气度，另一方面，也解决了灵璧石底部的不平、无法置稳的问题。木座的材料以紫檀、红木为上品。蒲松龄《聊斋志异·石清虚》中就有"雕紫檀为座，供诸案头"之说。此外，黄杨木、柚木、榛木、桉木、枣木也不错。

　　木座讲究雕刻，本身就是一种雕刻艺术与镶嵌艺术的结合，尤其是雕底，要做到石头坐于上严丝合缝，纹丝不动，绝非易事。所以，一些收藏家的珍品灵璧石，都找有经验有艺术眼光的木雕师傅制作。

△ 彩玉

灵璧彩玉石　38厘米×32厘米　陈琼玉藏

△ **鸿运当头**

红灵璧　90厘米×68厘米　陈琼玉藏

　　木座制作过程大致是：选材—石底划线—挖木座底—锯边—座缘座边的精雕细琢—座脚的雕刻—打磨—上漆。漆以清漆为好，能显出木质天然纹理，且较素朴。

　　灵璧石无论是具象石、抽象石、异石，还是图案石、色彩石，都适宜配木座，一些体量不大的小品，更需木座加以烘托。但需注意，木座的雕刻不宜过于繁复，线条崇尚简洁流畅，它起的作用应是"烘云托月"，而不是"喧宾夺主"。

　　黄杨木树根也是不错的底座。黄杨木树根天然奇特，可选择造型简洁且有平面者作为石座，其优点还在于价廉，选择得当会有意外的效果。

　　灵璧石加以衬板，更添雅致。特别是抽象石、峰崖、图案石、色彩石等，更适宜直接置放于衬板上，其流畅的线条、纹理、色彩更能夺人眼目，让整体美得以显现。

　　衬板还适宜放置对石或组合石，以呈现同一个主题。衬板一般以长方形为宜，长与宽的比例以1.8∶1为宜，外形也可制成扇形、椭圆、自由曲线形者，均应符合灵璧石的主题。

灵璧石配置座子后可置于几案，也可直接置于几案。几、桌款式多样，有高几、矮几、平桌、香炉桌等。制作材料当然以紫檀、红木为贵。

细长的供石宜用平桌或衬板，若置于高几上，会显得孤鹤伶仃，有危耸感。卧石等具有重量感的供石，可置于各种规格之几案上，几足、案足也要厚实有力，这样整体就协调了。

在衬板、案几上陈列的供石，可适当选择饰品点缀。如塔、桥、舟、人、亭等，以瓷、陶或铜质品为宜。饰品应精巧细微，它与供石的比例应在1：200以下，大者会喧宾夺主，小则无妨。饰品的位置应注意平衡效果以及深度、宽度、高度的空间效果。

灵璧石的底座也可以采用石座，石座有天然与雕制两种。天然石座就是将扁平的江河卵石或海滩石置于供石底部即成，此法虽简，但配置得宜却难。雕制的石座，制作步骤及样式与木座大致相同，只是不需要上漆。雕制石座非经过特殊培训不宜为之。

灵璧石也有置于水盘之上的。有些自然景观灵璧石置于水盘，能更好地体现其意境与气势，有的因此能使人联想起海上仙山、江边峻崖。水盘的材料可以分为陶、瓷、铜三种，各有所长。水盘的款式分为长方形、椭圆形两种，盘缘以浅者为佳。长方形盘以安放有力感的供石为好，正可衬托出阳刚之美。椭圆形盘较适宜安放有柔和感的供石，与其悠然自得的形态相得益彰。

△ 飞翔

磬石　36厘米×40厘米　陈琼玉藏

灵璧石配底座后陈放时，还应注意与整体环境的协调，比如它与家具的式样、色泽不能相违，与其他摆饰之间要留有适当的空间，疏密相间，不可给人以压迫感。石与石之间的呼应，要有前后、高低、左右、大小的变化，切忌排成一直线，造成呆板的印象。

灵璧石陈列的背景也很考究，如能在背景处悬挂一两幅境界幽远的山水画或飘逸的书法作品，效果会更佳。

6 ｜ 注重文化积累

灵璧石收藏中的文化因素十分重要，一件藏品不仅要有好的品相，还要有点石成金的"命名"和相得益彰的"配座"。

目前藏市中，拣品相之"漏"已经很难，但是高人一筹的文化素养往往可以在藏品的"命名"和"配座"上，收获意外之喜。

文化积累可以促进精神升华和心灵的净化。如观赏石家陈若晴说："能得闲时玩石，不亦乐乎？你可淡泊名利，邀三两石友，品茗陋室，论观赏石、侃大山。试问：人世烦恼岂不烟消云散？"

△ 灵犬旺旺
彩灵璧　56厘米×38厘米　李响藏

他在一篇文章中写道："没事请到我家来，包你足不出户，却可领略名山大川、神游五洲、乐而忘返。我有'长白天池'让你恍然间见天鹅天降，湖面上翩翩然芭蕾'天鹅湖'。更有当年共工怒触之不周山，还在那岿然不动。回首间，却见'春江花月夜，渔樵山水间'之石作，此乃安徽灵璧景观石也。此时，我可为你播放一曲古乐，让那优雅旋律和着这景致将你醉倒。"

"你还可以观赏到各种象形石，看过美国大片《逃出魔幻纪》者记得否，那群狂奔的奇禽异兽都到哪里去了？告诉你，都跑到我家来了。"

"玩石其实也苦不堪言，鄙人常年肩扛头顶。时不时鼻青脸肿，伤痕累累。背后常有人指指点点：此君昨夜挨老婆利爪，要不就是喝得烂醉骑摩托车摔了。吃尽苦头，又蒙受不白之冤，悲哉！不过石中自有奇趣。"

陈若晴玩石自称已是走火入魔，石迷心窍，无可救药。不过，他也清醒地知道，集石、藏石、玩石是一项高雅的文化艺术活动，观赏石集藏可健身、可养性、可陶冶情操。"养怡之福，可以永年。"

这就是文化积累带来的更高境界，是因收藏灵璧石而积累文化，又因积累文化提升了收藏品位。

注重文化积累中，要特别注意流传有序的古代名石。流传有序的古代名石值得收藏者重视，即使价格高，也有很高的收藏价值。

△ **山中无老虎**

磐石　19厘米×22厘米　李响藏

△ **海豹**

磐石　38厘米×23厘米　李响藏

在历代玩石的文人中，宋代大书家米芾最有名望，也最富传奇色彩。传说米芾爱石如命，曾有"米芾拜石"的著名典故，被称为"米颠"。

著名书画家刘双印收藏有一块有米芾铭文于底盆的灵璧石，尤其值得玩味。这块灵璧石高约100厘米，石质为沉稳的黑色，内有九孔，敲击之下声若洪钟，供于石盆之上，此石盆高约30厘米，上宽下窄，上有清晰镌刻的行楷"宝晋一品石，米芾"七字。其间架结构与行笔气势为典型的"米体"。这块供石及其底盆最大的特点就是有一层白色的温润"包浆"，业内人士断定，由此包浆可断定此石当为宋朝遗物。

△ **雏鹰待翔**

磐石　40厘米×20厘米　李响藏

宋代文人玩石成风，在当朝供石文化已经相当成熟。底盆造型之简练严谨，也是典型的宋代风格。刘双印曾经撰文描述过与此灵璧石的梦缘，使石头富有生命。

几年前，在上海成交的米芾手迹《研山铭》以2000多万元人民币成交，一时引得媒体哗然。此件带有米芾铭文的供石显得尤其珍贵，价值难以估算。这种流传有序的古代名石，值得收藏者重点关注。

注重文化积累，还要追求学术成果。一个观赏石收藏家在上海办展览时，听到一个外国人说："中国有石头，但没有石文化。"为此，他查了六百多本书，再到现场考察，访问当地老人，去文博部门查询，与石友们交谈，带着照相机跑了全国许多地方寻找名石，陆陆续续拍一些石头照片。

其中，古代名石照片他就拍了20多张，甚至他还找到了苏东坡、陶渊明等一大批历史名人的原物，先后在日本、中国台湾以及内地发表三十多篇文章。

他说："我的文章重于历史，如《帝王与石》《花石纲起因及遗石考》，秦始皇、汉武帝、唐太宗、宋太祖、乾隆帝、苏东坡、端方等人的赏石活动，我都能写出一二，人们很爱看。"

玩灵璧石玩出学术成就，是灵璧石收藏的最高境界。

7 | 收藏灵璧石的标准

收藏灵璧石的标准，其实就是传统的选石赏石的审美标准：瘦、透、漏、皱、丑。

瘦：体态窈窕，如柳字、似铁画，刚劲有力，傲然骨气，给人坚强向上的感觉；透：千孔百洞，一孔见而多孔现，洞洞相通、穴穴相连，一孔点火，多孔生烟；漏：是指石体玲珑，上下通漏，着香如"七窍生烟"，罩雾似云霞攀缠，舒卷有致，精气神虚，如镂似镂，巧夺天工；皱：表面层叠交错，像海浪层层，春风吹碧水，微波涟涟。石若披麻、大雪叠叠，皮色苍劲，历尽千秋。

以上四种是米芾的赏石之法，苏轼又增添一条为"丑"：丑而雅、丑而秀、丑而怪、丑极为美。

灵璧石被誉为天下第一名石，它与其他石种一样，具有十分丰富的内涵。灵璧石的形状、质地、声音、纹理、颜色，千百年来，倾倒了不少文人雅士、达官贵人。花有盛衰，季有冬夏，天有阴晴，月有圆缺，唯石头千古不变。只要你尊石为师，视石为友，石头不仅通灵性，识人情，而且可以陶冶情操，延年益寿。

△ **国宝**

灵璧彩石　80厘米×52厘米　李响藏

灵璧石"收藏热"在全国乃至世界各地蓬勃兴起，寻石、购石、藏石人士与日俱增。灵璧石的产地每天车水马龙，络绎不绝，其声势堪称浩大。无论大石、小石、好石、次石，各界人士都争相选购，以至使人联想到这一不可再生的资源将逐渐枯竭。

尽管如此，在寻石、选石、购石时仍应了解和掌握一些基本的常识和方法，仍要坚持传统与现代相结合的基本观念，传统的观念是瘦、透、漏、皱、丑，现代的观念又增加了形、色、质、纹等。

这些标准都是选石、购石的收藏者必须参考的。随着灵璧石一些新品种的出现，有些石头颜色、纹路都有极大的观赏性，有的也堪称上等佳品，不容忽视。象形石，尤其像动物、飞禽，要有

△ **东瀛风情**

蛐蟮石　28厘米×12厘米　李响藏

高大的发髻、清秀的五官、合身的和服，神形兼备、惟妙惟肖的东瀛艺伎展现在世人面前，那遍布石体的蛐蟮纹更是为该石增添了一分奇妙，不得不感叹大自然的神奇，是方不可多得的灵璧蛐蟮石。

◁ **孔圣行礼**

磬石　35厘米×26厘米　李响藏

该方藏石石质紧密细腻，用手叩之声音悦耳，其轮廓极像正在行礼的孔圣人，他头戴高帽、身着长衫、衣袖下垂，微微前倾，双臂微抬，将孔子的尚礼思想表现得淋漓尽致。仁为礼之体，礼为仁之用，仁礼相成。

动感，要有神韵，如一只鸟，无动感无神韵，像只死鸟，其品位就会大大降低。山形石要有山的基本特征，要奇、秀、险。这也是收藏灵璧石的标准。

8 | 灵璧石的保养

灵璧石的保养是灵璧石收藏的重要环节。"求一石易，养一石难"，收藏灵璧石一定要走出石头不需要保养的认识误区，既要赏石，也要养石。

买到灵璧石后，要注重灵璧石的保养。灵璧石的保养主要从如下方面着手：

（1）采到灵璧石后要进行表面处理

《云林石谱》"灵璧石"条介绍："石产土中，岁久穴深数丈，其质为赤泥渍满，土人多以铁刃遍刮。凡两三次，既露石色，即以黄蓓帚或竹帚兼磁末刷治。"

新出土的灵璧石原石都要进行表面处理。一块新挖出来的灵璧石表面既有泥沙，又有钙质包皮，还有浸泡的杂色、苔藓等，这些都需要进行表面的整治。

新出土的灵璧石开采出来时，周身包裹着泥土，表面沾满了泥浆、附着物，此时万不可急躁莽干，断然敲击，以免断裂，须细心剔除，万不可锤凿斧劈。灵璧石采出后，需先晾干一星期左右，使其山泥干硬，然后浸水，使山泥成块剥落，再用清水冲刷。

△ **济颠活佛**

磬石　30厘米×18厘米　李响藏

△ **平步青云**

磬石　45厘米×28厘米　李响藏

该石是一块精品象形石，外形几乎以假乱真，整体比例也相当协调，"平步青云，步步高升"。

冲刷时应注意剔除石头间隙间的杂质，也可先用钢丝刷顺其纹路粗刷一遍，直至山泥杂质清洗干净为止。有条件的，可用海棠花汁敷于石表，这样可使其黄渍去净，最后再将石放入清水中，漂上半个月，使其酸、碱等成分全部漂清，再取出晾干。

也可用稀释盐酸冲刷，再用清水冲洗。切记不可用纯盐酸，盐酸浓度比例过高，也会破坏石头表面的皱纹。皱纹一旦被破坏，灵璧石的价值也就大为降低。

（2）室外养护

有些灵璧石刚出土时有杂色附着物，一时难以剔除，可将其置于露天。置于室外的灵璧石在石架上经受日晒雨淋，风吹露浸，时间一久，它也会风化。再经人工稍加剔除，就会显示出其质朴无华的自然造型。

如果观察一段时间后，发现灵璧石的杂色仍未脱色，收藏者可定时浇水，为了使风化度均匀，一个月左右应将灵璧石翻一次面。时间一长，石肤自然风化，自然变色，直到整块灵璧石在质感、色感方面完全调和为止，再迁入室内观赏。

（3）买石后要打理上蜡

购买灵璧石后，要认真做好清洁整理工作，将藏品处理好，这一工作主要包括刷净、上蜡、盘润，上蜡一般以地板蜡为宜。

△ 雄起

磐石　13厘米×8厘米　李响藏

△ 仙桃

磐石　李响藏

△ **恭喜发财**

磐石　62厘米×30厘米　李响藏

△ **企望**

磐石　60厘米×23厘米　李响藏

清洁整理工作不包括打磨、修饰，因为收藏精品灵璧石是不需要打磨、修饰的。

（4）保持清洁，天天打扫

要经常为灵璧石做清洁卫生，包括藏品和几座，不得有灰尘附着，用干布"天天打扫"，如果居所和展览馆灰尘大，应考虑用布盖、玻璃罩，保持清洁是保持藏品美观的必要条件。

定期进行清洁和水养是保证灵璧石品相的重要环节，尤其是定期用净水浸润，不仅有利于保持石头的生气，还有利于保持灵璧石独特的青铜之音。

（5）以石为友，经常抚摸

收藏灵璧石要以石为友，经常用手抚摸把玩，使人气和体润渗入石肤石体，时间长了即可形成包浆，包浆越凝重越好，包浆越凝重，赏玩价值越高。

包浆的形成，最主要原因当然在于长时期的辗转流传，但与藏主的关心爱护也很有关系。俗话说："养石即养心。"有的藏石家喜欢将质优肤细形美的供石置于茶桌书案，在喝茶聊天或阅报看电视时以双手抚摩，使手气、手润通过毛细作用渗入石肤、石体，久而久之，包浆渐起，令人愈加宝爱。

（6）安全第一，避免磕碰

灵璧石比起水石等，显得相对较为娇贵，石性较脆，所以在采集、运输过程中，常会发生不小心碰破损伤石肤石肌的事。如石伤较明显，可先用金刚石进行打磨、修整，再将原石放置于露天石架上。石架最好不用钢铁制品，以水泥制品为好。

要保证摆放时稳定安全，避免受到碰撞，受到损坏，在收藏保养过程中要"警钟长鸣、安全终生"。

特别是精品灵璧石，不仅有很好的收藏价值，而且有很高的经济价值，一旦受到损伤，则会价值大跌。

（7）注意干湿保养的方法

要避免灵璧石长期处于干热干燥的环境中，因为干热干燥可能导致原有的石肌、石肤出现干皱，导致光线变暗现象，收藏者应用湿布轻轻沾石，背面多湿水，给石"补水"，始终保持温润、饱满状态。

（8）尽量避免油养

除了水养，有的藏石家喜欢油养。油养可以保持石之光泽，避免石肤汽化、风化。使用的保养油有凡士林、油蜡、上光蜡等，用绒布蘸蜡、油轻抹轻拭。也有将石蜡化成液体后涂刷石面的，效果也很显著。

作为长期保养的供石，其实应该避免上油蜡。虽然这类物质在短时期内可以使石之质地、色感更为突出，但也相对阻隔了石头气孔，促进其老化，因为油蜡会堵塞石头的毛细孔，会妨碍石头的呼吸，即妨碍它吸收空气中的养料。

△ **正是河豚欲上时**

磐石　35厘米×17厘米　李响藏

而且，上油后的观赏石的光泽，有一种造作感，过重的油蜡还会产生返潮现象，致使石的表面变得一片灰白，遮掩了石头的清晰面目，观赏价值就会大打折扣。总的看来，油养是得不偿失，不值得提倡的。

有些石伤问题严重的灵璧石，可找专业人员重新处理，处理的办法有刷洗、上蜡、上光等方法。

现代人养石可以学习一些古人的养石技巧。宋人所著《志雅堂杂抄》云："以煮酒糟涂灵璧石，其黑如漆，洗之不脱，极妙。"

灵璧石的收藏投资技巧

收藏灵璧石固然都是由爱好者起意，但在当代灵璧石的收藏人群中，人们在收藏的同时，越来越注重灵璧石的投资价值，其中有很多人是抱着投资目的收藏灵璧石的。

本书不提倡仅仅为投资增值而收藏灵璧石，更注重文化积累和精神愉悦的收藏观念，即强化收藏心。

近年来，中国古代灵璧石因其稀少与珍贵，越来越被各路玩家追捧，在数年前香港的拍卖会上，曾有明代灵璧石以几十万元港币成交。在海外，以几十万美金成交的中国古代灵璧石也不在少数。几年前，广西的一位藏石家曾以200多万元人民币购入一块灵璧石。这些市场行情说明，灵璧石不仅具有很高的收藏价值和文化价值，还有很高的投资价值。但如何投资灵璧石，却是初学者需要重点学习和研究的。而研究成功的收藏投资者之路，则是灵璧石收藏投资的一条捷径。

1 │ 投资灵璧石的回报高

在众多的收藏门类中，唯有石头的收藏历史最久。灵璧观赏石，可以说是大自然赐予人们最珍贵而又最廉价的收藏品，只要你肯到山野拾捡挖掘就可以了。

这些在山野拾捡挖掘的灵璧石可谓是零成本，但拿到市场上就会价值倍增。

△ 玉树琼花

灵璧彩石　95厘米×28厘米×19厘米　李响藏

广州的观赏石市场在中国具有代表性，现在已经发展得如火如荼了，一些灵璧石、观赏石怪石逐渐走进了千家万户，成为许多家庭客厅里的高档摆饰品，或称"镇宅之宝"。

几年前，一位下岗工人以1万多元钱做本开了一家石头店，尽管他经营的石头价位和档次都不是很高，但这种定位很容易被一般市民所接受。进价几十元的石头能卖到三四百元，利润十分可观。经过数年经营，这位昔日的下岗工人在芳村花地的石头店已经开到了四家，而每家铺面的月租就是2000多元，他也成了一个真正的老板。

但投资灵璧石需要独特的审美眼光和想象力，只有当你拥有独特的审美眼光和想象力，才会从别人丢弃的废石中发现意想不到的精品，几百元的石头一旦沾上你的情趣就翻身一变，成为价值数万的观赏石，这并不是天方夜谭。

广州逸品堂副总经理萧荣就常常有这样的得意之作。几年前，在广州花都举

△ **国宝**

磐石　35厘米×40厘米　李辉藏

△ **俯首甘为孺子牛**

磐石　55厘米×38厘米　李辉藏

行了一次石展。萧荣在展览的最后几天赶到了花都，在一堆杂乱的石头中，萧荣发现了他的目标——一块灵璧石，虽然品种较好，但是平放起来看是细长的一条，似乎并没有特别之处。作为一个藏石家，萧荣习惯从不同的角度审视他手中的石头，他尝试着把这块石头立放，结果突然发现，这块石头竟然酷似一个婀娜多姿的歌舞伎！而卖主只要价180元，兴奋的萧荣当即给了200元。

萧荣低价买的这块灵璧石，因为他竖立起来置放的点睛之笔，这块石头在第四届艺博会上获得了金奖，一位日本商人出价3万元想拥有这个"歌舞伎"，被萧荣婉拒了。

还有一次，一位海外客人欲以一辆奔驰来跟萧荣换一块难得的观赏石，也同样被爱石如命的他拒绝了。

灵璧石投资利润高成本低。广州石头市场的顾客主要有艺术家、送礼者以及白领。那么石头的利润率究竟有多大？据萧荣说，当初他80％的石头都是低价买来高价卖出的，有时一块百来元的石头经他手最高可卖5万多元，那么利润率就可高达300多倍。

最初花地市场的商品石很多是以十多元买进，后来以三四千元卖出，

△ **南极仙翁**

彩灵璧　40厘米×30厘米　李辉藏

△ **龙马精神**
磐石　60厘米×45厘米　李辉藏

利润率也不低。当然，现在的机会相对少一些，但比起古董、邮票等藏品，观赏石的投资回报还是高得多。

不过，一块好的石头并非都能卖出好价钱。只有被名家发掘经过水养、蜡养及油养并为其配上底座，卖出的价钱才会高一点。

不少观赏石收藏家不惜重金几十万元、几千万元、上亿元投资收购灵璧石。全国比较知名的有郑州的李广岭、北京的王铁山、上海的高新村、天津的柴宝成和马传来、青岛的刘柱昌、武汉的沈连清、西安陈凤喜、广州的张振君、徐州的戴道田，及灵璧石研究专家、《中国灵璧观赏石》一书的作者张训彩等，不胜枚举。其中宝成集团收藏的灵璧石已申请世界吉尼斯纪录。

2 | 灵璧石的投资之道

灵璧石是藏品，又是商品，但它不是一般的商品，而是富有投资价值的商品，且需要知识和眼光，所以，初学灵璧石收藏投资的人，应从成功的收藏投资者身上学习其投资之道。

投资灵璧石所要花的成本并不是很高，但需要具备一定的学识和心思，并要对自己有一个定位，如果是定位为商家，下岗工人也能白手起家。藏家也需"以石养石"，经常流通可以更好地体现观赏石的价值。

研究成功的收藏投资者，可以发现，灵璧石的投资之道主要体现在如下方面：

△ **金凤回首**

磐石　30厘米×45厘米　李辉藏

（1）半收藏半转卖

38岁的张先生在省直某单位工作，多年以前一个偶然的机会让他迷上了灵璧石的收藏，而一个更偶然的机会这一爱好给他带来了一笔不菲的收入，于是，他放弃了优越的单位，弃官不做而当上石商，从此干上了半收藏半转卖观赏石的行当。

张先生有一位亲戚是灵璧人。几年前他到这位亲戚家时看到许多奇形怪状的灵璧石，其中一块他怎么看怎么像一个人的面孔，看他喜欢，那位亲戚就送给了他，这是他拥有的第一块石头。

此后，他又陆续拥有几块观赏石，因经济能力限制及多为朋友相送，他并未在这上面花多少钱。然而有一天，一位客人偶然看到他的一块石头，非要出2000元的价格买下来，他才看到观赏石里面蕴藏的"商机"。

此后，他又把自己另外几块石头通过各种渠道转让给他人，同时又陆续买了几块，就在这进进出出之间，他见识了更多的石头，腰包也鼓了起来。他最得意的一件事是有次出差到灵璧，仅花300元淘到的一块石头，后来竟被广州一客商以2万来元买去。

当然，也有走眼的时候，玩石头最怕买到被人工加工过的石头，有一次他就以高价买回了一块人工黏合的石头。

（2）配座提升价值

一位灵璧石收藏者讲述了这样一个故事：几年前，一安徽老乡扛一块灵璧石，丈许，瘦圆，在马路上兜售，从早到晚，无人问津。一收藏者以300元买下，竖置，配一红木莲花底座，活脱脱一送子观音立雕。

台湾王先生是观赏石爱好者，好话说尽，"咱海峡两岸一家亲嘛，你家即我家"。经不起软磨硬泡，他只好忍痛割爱。此石如今在王先生家供奉，有人出价40万台币收购，王太太执意不肯，曰："如此吉祥物，不可轻易转让。"王先生则说："地震时，阖家平安，财产无损，皆赖此观音庇护，善哉！"300元的灵璧石成了无价之宝。

（3）待价而沽

待价而沽是交易的最常用模式，另一位灵璧石收藏家徐先生则有另一种收藏投资之道。他最喜欢的几块灵璧石，摆在合肥高新区一家星级酒店的展示柜里，一是让更多的人见识观赏石神韵；二是等待真正的买家。

其中一块为九座山头环水而立，命名为灵璧峰，标价不菲，但徐先生认为，在真正的爱好者面前，价格是最好谈的，对于收藏者而言，自己的藏品能为人欣赏才是最快乐的事。

徐先生最喜爱也跟随他多年的一块石头，约呈圆盘状，直径30厘米左右，上有清晰可见的山峰、树木、溪水等，他当年第一眼看见这块石头时马上就想到它应该叫"曲水流觞"这个名字。

在他心中，这块石头根本就是无价的，所以在展柜中，价格一栏他只写了"面议"二字，他认为，真正识货之人当然愿出高价购买。

作为真正的藏家总会藏几件得意之作，非迫不得已不会出手。

（4）以石会友

功夫在诗外，是写诗的经典之谈。观赏石投资也有一个功夫在诗外的经验。

△ **富贵吉祥**

磬石　45厘米×35厘米　李辉藏

△ **海岛风光**
吕梁石　49厘米×26厘米　马方永藏

　　广东大名堂艺术馆的馆主伍仲凯说，他最大的收获还是通过大名堂艺术馆结识了一大批国内外朋友，使大名堂成了一个文化接待场所。不少文艺界泰斗、政界退休人士、儒商巨贾和其他风雅人士，都成了大名堂的座上宾。实际上，以这种藏石交友的心态进行长线投资，才是观赏石投资的正道。

　　（5）也要有风险意识

　　如何投资灵璧石？伍仲凯说，相对书画、古董而言，当时灵璧石不存在赝品，现在即使有赝品，也比较好鉴定，入行门槛较低，但是，所谓"黄金有价石无价"，由于收藏投资者有可能缺乏品石和鉴赏能力，估价时对收入品的低质高估、对转让品的高质低估，是观赏石投资的主要风险。

　　伍仲凯说，投资者开始可买些相对便宜一点的灵璧石积累经验，同时多参观灵璧石的展览，多搜集关于灵璧石鉴赏的资料，并设法融入一个有较强藏石氛围的圈子。急功近利往往会使投资出现失误。

　　（6）高价藏石有更大的升值潜力

　　低价买进当然是好事，但不能老想着逢低吸纳。灵璧石投资的原则讲的是保值、增值，只要具有慧眼，价高的藏石也可有较大升值潜力，回报率也可能会很高，就算一时没有销售出去，暂且将它看作一件藏品放在家中，也是一件审美价值很高的天然收藏品。

3 | 向成功的投资者学习

成功的灵璧石收藏投资者，有丰富的收藏经验，他们走过弯路，交过学费，初学者从他们身上，可以学到收藏知识，更可以学到他们的经验，避免他们走过的弯路和交过的学费。

广东有一个观赏石收藏家伍仲凯，收藏了大量灵璧石精品，创办大名堂艺术馆。石友评价他说："与其说大名堂艺术馆创办者伍仲凯是纯粹的商人，不如说他骨子里有着一股收藏家的气质。这也许正是他投资灵璧石的原因。"

伍仲凯的朋友、广东省赏石会会长曾锦能说："这就叫无心插柳柳成荫。目前全省超过10万名观赏石玩家中，可能有很多人都抱着这种心态。"

伍仲凯出生在顺德。在村里邻居的眼中，他是个比较另类的孩子：10多岁的时候，别的小孩正是淘气之时，他就俨然是个字画古董的行家了。成年后，伍仲凯远渡重洋，去了美国等地做药材贸易。在生意之余，少年时养成的兴趣却一直无法泯灭。伍仲凯每到一地便频频访图书馆、进博物馆、逛唐人街的书画古董店。他说，见识多了、藏品多了，但代价是付出的学费也不菲——国内外书画赝品也实在太多了，鉴别起来谁都会有走眼的时候。

而另一种不存在这个问题的收藏品渐渐勾起了他的兴趣。在哈佛大学，他看到了来自中国的100多方观赏石；在大英博物馆，他在80多方中国观赏石前站了一整天。翻完从这几个地方找到的研究中国观赏石的几本书籍画册后，他开始上瘾。

伍仲凯参加了在美国召开的第一届国际观赏石研讨会后，他想起了当年在安徽、贵州等地看到的满山遍野的石头。伍仲凯说，世界上没有一块完全相同的石头，而真正的资源却是越来越稀缺，这就是他投资观赏石最初的信心来源。

天时既备，地利亦成。1998年，伍仲凯急急回国，首站是安徽灵璧县。

在那里，他出手便买了30个货柜的灵璧石，惊得当地领导设宴款待这位"灵璧石痴"。大名堂的茶室中央那个充当茶桌的大石磨，便是那时顺便带来的。

伍仲凯说，当时他投入巨资买灵璧石，后来又到各省寻访观赏石，是基于心中的一个理念：国内的生活水平提高到一个临界点后，必然会有部分人群寻找各种投资品种；而随着人们品位的提高，灵璧石和各种观赏石必然会像古玩、书画、钱币等收藏品一样，受到投资者的青睐；而随着赏石人群的不断壮大，存世的灵璧石必将越卖越少，灵璧石资源出自天然、不可再生、独一无二，用不了多久，必定大幅度升值。

　　伍仲凯的大批灵璧石安家何处呢？正当此时，富庶的珠三角甚至阳春、三水等地已初步兴起了玩石藏石之风。在伍仲凯的家乡，已传出了中国花博会要在陈村花卉世界举办的消息，作为国内最大的花卉贸易基地，这里已形成了洼地效应，吸引了近两百家国内外著名花商在此扎根。

　　伍仲凯想，何不利用好这里的人气和观赏石与园艺之间的产业关联？于是，他花了8个月时间来回折腾大名堂艺术馆的装修，终于把他钟爱的石头和名家书画摆到了这个纯正明清风格的艺术馆里，做起了大名堂的堂主。

　　投资翻倍，同好云集，说来也神，仅仅一年多时间，从伍仲凯的大名堂开业后，原来并不怎么玩石头的陈村花卉世界，很快成了广东最大、最集中的观赏石市场。本来规划为工艺品市场的一块空地上，却有了几十家观赏石店铺。经营者除来自广东省的英德、阳春、云浮外，还有来自安徽、广西、陕西、浙江、福建、上海、江苏等10多个省市。中国台湾省的石商也来了，甚至还有美国的石商。上档次的观赏石一般售价每块在几千元至几万元不等，高档奇异的每块要几十万元，可谓观赏石贵过洋楼。

　　随着观赏石生意的风生水起，国际观赏石盆景展也在这里举行。陈村花卉世界把原来花博会时留下的1.8万多平方米的交易区全部重新规划，兴建新的观赏石商铺，又兴建了一个占地3万多平方米的国内最大的观赏石市场。

　　伍仲凯的大名堂的名头日益响亮了起来。国内不少藏石者纷纷向伍仲凯寄来自己的观赏石资料寻求转让，而他的石头已经销往美国、德国、日本、韩国等地。伍仲凯从有较长玩石传统的上海大批量请来做底座师傅，使得他的石头怎么

△ 山

磐石　　陈琼玉藏

看都比别人的高出一个档次。

伍仲凯当年采购的灵璧石，短短三五年，市场价值就翻了四五倍；现在他手头的藏石，大概保持在5000块左右。他说，开业时曾设想两三年不赚钱，纯当养个爱好，没想到这个投资项目的盈利能力这么强，两三个月就开始赚钱了。

另外，也要有既能将观赏石看雅也能将其看俗的心态：看雅了，观赏石中满是学问，仅仅不同的分类方法就能让人晕头转向；看俗了，观赏石连下里巴人也能玩，它具备一种天然的亲和力。

伍仲凯说，他估计未来5年～10年是国内投资灵璧石的巅峰时期。随着对开采的限制，加之资源本身的稀缺性，今后的灵璧石鉴赏水准和价格会同步高涨。而只要心态调整好了，小石头在这期间是完全可以玩出大名堂的。

△ **金麒麟**

黄灵璧　116厘米×38厘米　马方永藏

第三章

三峡石收藏与鉴赏

一
三峡石文化

　　三峡奇特的自然风光，众多的名胜古迹，使历代文人学士多与它结下了不解之缘，形成了以三峡为题材的文化系列，构成了中国文学史上的洋洋大观。

　　三峡是"石"与"水"的共鸣。"水令人远，石令人古。"三峡人生长在峡江石缝中，开门见山，举目皆石。三峡石文化历史悠久，可谓源远流长，经久不衰。远古的三峡人善于发现美、创造美。距今六千年的瞿塘峡大溪文化遗址出土的五颜六色、磨制精美的石器令人叫绝。

1 ┃ 三峡石文化历史悠久

　　三峡石文化历史悠久，源远流长，巫山大溪等多处新、旧石器时代文化遗迹的发现，可窥见三峡石文化与长江六千余年文明史同步演进的轨迹。

△ 花瓶

三峡玛瑙　8厘米×6厘米　李正和藏

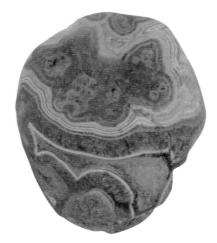

△ 蝴蝶

三峡玛瑙　9厘米×7厘米　李正和藏

三峡山民们崇尚鬼神和自然，居住在三峡的山民对观赏石怀着一种无比的敬畏，认为三峡的古木观赏石富有灵性。

《国语》上说："木石之怪曰夔、蝄蜽。"夔州的先民在古木观赏石前烧一炷香，在怪石上系上一块大红布，在坚硬的岩石上刻"长命百岁，易长成人"，在瞿塘峡巨大的礁石"黑石""滟滪石"旁兴建镇江王庙，舟船过此，烧香许愿祈求巨石保佑平安。

三峡人对奇山异石的情感是复杂的。辟邪与降福，敬畏与崇拜，审美与移情，难分彼此。耸立在巫山之巅的神女峰，在三峡人眼中，既是神，又是人，更是一个窈窕淑女式的美人。宋玉的《高唐赋》《神女赋》及迷人的民间传说，使这块天然巨石成为中华观赏石的绝唱。

三峡观赏石与其他地区的观赏石，其自然美既有共性，又表现出地域的个性。唐代诗人杜甫写道："巫山巫峡气萧森。"从三峡观赏石的萧森气象中，可以感悟到三峡的博大与神秘、悲壮与蛮荒之大美，特别是瞿塘峡两岸的绝壁，给人一种震撼的美。

中外藏家都喜欢三峡石，首先与三峡石独有的深厚文化底蕴有关。得天独厚的生态环境，历史悠久的石文化传统，哺育熏陶了三峡人与观赏石的不解情缘。三峡地区玩石风之盛，石顽、石痴之众，收藏、品鉴品位之高，早已驰名神州，蜚声海外。

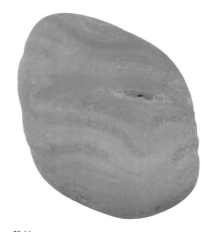

△ **黄丝**

三峡玛瑙　10厘米×8厘米　李正和藏

△ **玉树临风**

三峡玛瑙　13厘米×9厘米　李正和藏

△ **梅韵**

三峡玛瑙　10厘米×9厘米　李正和藏

三峡石深厚的文化渊源，让三峡观赏石创造了多个第一。1985年9月，在宜昌"杨守敬纪念馆"举行的"来层林三峡观赏石收藏展"，堪称全国赏石界的破冰之举，从此，中华赏石文化在中国开始全面复苏。

来层林是中国当代赏石文化先行者之一，他的石展从形式到内容均让人耳目一新，体现了早期三峡观赏石在全国的领先水平，引起全国众多媒体的关注，也带动了中国赏石文化的不断发展，走向世界。

三峡石的历史悠久，三峡石的文化传统也更为悠久，三峡石的文化传统体现在藏石可清心，藏石可益智，藏石可陶情，藏石可长寿，所以南宋诗人陆放翁先生曰："石不能言最可人。"清赵尔丰先生也说："石质坚贞，不以柔媚悦人。孤高介节，君子也，吾将以为师。石性沉静，不随波逐流，然叩之温润纯粹，良师也，吾乐以为友。"

古人云："家住瞿塘三峡下，惯经风浪不知愁。"今日三峡石藏家写道："发现三峡美，创造三峡美，无论新与旧，三峡的魅力是永恒的。"

2 | 三峡石与名人

三峡石文化源远流长，随着人类文化的不断发展，观赏石艺术的观赏水平也不断提高。三峡石与文化名人的渊源关系也源远流长。

（1）古代名人与三峡石

早在2600多年前的春秋时期，楚国就出现了一位极为著名的观赏石收藏家卞和。有一次，他在三峡北岸的荆山脚下发现一块十分珍奇的"落凤石"，拿去献给楚王，雕琢成"价值连城"的"和氏璧"，并经历了10个朝代、130多位帝王、1620余年，创造了一件观赏石被人们收藏时间最长的世界纪录。

三国时的军事家诸葛亮、北魏地理学家郦道元等都以极大兴趣观赏了黄牛岩上那幅"人黑牛黄"的天生彩画，并留下脍炙人口的美文《黄牛庙记》与《水经注·黄牛山》。

北宋文学家欧阳修贬任夷陵县令时，听说秭归出产大沱石，有黄绿两色，石质坚硬，叩之有声，石上布满天

△ 彩化石

11厘米×11厘米　李正和藏

然花纹，有的如花草林木、高雅美观，可制砚台，因而专程去秭归采得一枚，并写进了《六一居士笔记》："余为夷陵令，尝得一枚，聊记以广闻尔。"

宋代大文学家王十朋任夔州知府，入峡赞曰："山有赤甲、白盐，水有瞿塘、滟滪，形势险天下。"

王十朋以文化人的眼光审视三峡，发现三峡自然美是山险之至、水险之至，故太、华、衡、庐，皆无此奇，形势险天下。

△ **梅韵**
三峡玛瑙　10厘米×8厘米　李正和藏

（2）清代藏石家与三峡石

清代藏石家宋荦还在香溪发现了五色鸳鸯石。他在《筠廊偶笔》中写道："归州香溪中多五色石。有宦游者于溪得石，大如斗，中若有物，剖之得鸳鸯。三年后又渡此溪，见一石与前石相似，剖之复得鸳鸯。其色倍斑斓，乃知此为雄而别为雌也。因琢双杯宝藏之。"

枝江县有一个著名的观赏石产地焦岩子，位于顾家店乡的长江之滨。清乾隆年间的进士、观赏石收藏家张问陶从四川家乡乘船东下，在焦岩子采得六枚观赏石，肖形极美，十分喜爱，一一命题配诗。

现在我们虽然不能观赏六枚观赏石的真容，但从命题和配诗中完全可以品味出石上精美的图画与造型，他在六首诗的序中写道：

"乾隆癸丑，扁舟出峡。正月六日从枝江县焦岩子水中，得观赏石六枚，岩岭嶂壁，泉池洞壑。它及龙虎狮象，种种肖形之物，无所不有。供之船窗，耸然动目。名曰船山六峰：第一峰曰众妙，第二峰曰池，第三峰曰朵云，第四峰曰鼻观，第五峰曰狮子，第六峰曰石门。各系一诗。志奇赏也。位置六峰有次。擢众妙为第一。"

△ **鸟戏枝头**
三峡玛瑙　13厘米×11厘米　李正和藏

（3）新中国名人与三峡石

当代中国，三峡观赏石的热爱者、收藏者越来越多。20世纪20年代初期，著名地质学家李四光在考察三峡时采集收藏了大量观赏石。

新中国成立后，三峡地区赏石文化普及并日益发达，20世纪50年代末，最后确定三峡工程坝址时，中堡岛上质坚纹美的花岗岩芯也由专家收藏。

改革开放后，三峡地区广大群众重视采集收藏。20世纪90年代，我国一些著名人士在参观"中国赏石展览"时，对众多的三峡观赏石十分赞赏，说"三峡真是块宝地"。后来，有人欣然命笔题写了"中国奇观"。

1992年10月，著名画家叶浅予去三峡工程中堡岛游览，他在小岛上随手捡了几块石头就说："这个小岛是三峡大坝的基脚，不久就要消失了，岛上的石头个个都好都美，都有纪念意义。"

3 | 三峡观赏石与三峡石

关于"三峡观赏石"与"三峡石"，这两个名称在藏石界曾有过讨论和争鸣。

通常藏家认为，"三峡观赏石"主要指三峡地区有较高观赏性的观赏石，是一个较为笼统的概念。三峡观赏石品种繁多，除画面石外，另有造型石、景观石、意形石、化石、矿物晶体、宝石、象形石、图案石、供石等，这些三峡石常常质地精卓、耐人寻味，有较高的经济价值，具有科研、观赏、收藏价值。

△ 一剪梅

三峡玛瑙　9厘米×7厘米　李正和藏

△ 一剪梅（背面）

三峡玛瑙　9厘米×7厘米　李正和藏

全国各地的很多石种都可以在三峡地区见到，其中有类太湖石、类灵璧石、类彩陶石，以及三峡玛瑙、三峡黄蜡。

品种一多，名称也众说纷纭。三峡石的收藏爱好者往往将"三峡观赏石"与"三峡石"混称，有人提出，两者不能混同，这是不该发生的误解。

有行家提出三峡石是指产出于三峡地区，具有观赏性的石质艺术品。20世纪七八十年代广为流传的三峡石，是在万州地区出产的由人工在石面上书写绘画后而形成的石质艺术品，或将两个以上的河卵石，借黏合剂人工粘接成人物、动物、玩物，然后再上色图绘后而形成的石质艺术品。

△ **大笑**

三峡玛瑙　9厘米×7厘米　李正和藏

称这类石为"三峡石"，是因供作原料的原石出自三峡地区，且其人为艺术部分的加工过程也是在三峡地区完成的。

而三峡观赏石是指产出于三峡地区，其观赏性纯然天成的石质艺术品。也就是说，"三峡石"和"三峡观赏石"的根本区别在于：石质艺术品所具有的观赏性，前者有"人为的"成分，而后者全是"天成的"。

"三峡观赏石"与"三峡石"的区分，其实并非如此绝对，很多时候，只不过是一种观赏石的两种称呼而已。目前，所有的三峡地区出产的观赏石，都被称为三峡石。

4 ┃ 著述提升三峡石文化

文章和著作是石文化的载体，众多三峡石著作的出版，让三峡石越来越深入人心。

在三峡石著作中，影响较大的有《三峡石精品赏析》大型画册，它被誉为"传播三峡文化的使者"。《三峡石精品赏析》大型画册出版后，在宜昌日报社举办了书评座谈会。宜昌市政协主席李泉，市委常委、宣传部长赵举海，三峡观赏石收藏家协会主席李国普，以及宜昌文化艺术界知名人士林永仁、刘不朽、王作栋、杨尚聘等出席了座谈会。专家学者认为，《三峡石精品赏析》是一件文化精品，是传播三峡文化的使者。

△ **雨燕**

三峡玛瑙　16厘米×12厘米　李正和藏

△ **桃坛**

三峡玛瑙　9厘米×9厘米　肖张华藏

宜昌市政协主席李泉说："画册中观赏石精选，诗文精作，装帧精美，带给人们的是一种美的享受。对系统介绍三峡观赏石很有帮助，是宣传宜昌的精品。"

著名诗人刘不朽说："新出版的《三峡石精品赏析》画册，代表了当今三峡石文化的最高水平，是三峡文化的最新成果，不仅收录的观赏石是精品，画册本身也是文化精品。"

读者赵举海谈了三点感受，他说："一是美的感受。200多幅观赏石图片，200多首诗歌，每件作品都是杰作，给人以艺术震撼。二是奇的感受。三峡观赏石个性突出，每一件作品都不可复制，画册将散落在民间的精品观赏石汇集成册，让人感到新奇，一石一诗，具有独创性。三是亲的感受。宜昌已有7000多年石文化历史，这么精美的三峡石产在宜昌，作为宜昌人感到自豪，倍感亲切。"

三峡石在全国赏石界声誉日隆，长城出版社出版的《中华古今观赏石大观》一书中，刊录三峡雨花石达14品，是该书收录这一类观赏石最多的品种。

《中华古今观赏石大观》是中国

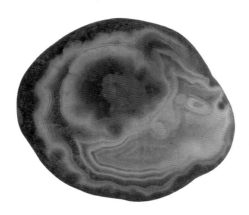

△ **小花**

三峡玛瑙　5厘米×5厘米　肖张华藏

最为宏大的一部观赏石画册，近600个铜版纸页面，厚度达4厘米，全书共刊录古今观赏石精品1000余品。在这部大型画册中，三峡雨花石共辟有三个专页，收录了宜昌城区收藏家的"花好""月圆""风华少年""鼓舞""万康五彩""边关月""旭日升""心花怒放""洞房花烛""天梯""万紫千红""火山遗迹""海底世界""心眼"等14幅雨花石作品。在宜昌观赏石收藏史上，三峡雨花石大规模荣登全国大型画册还是第一次。

著名美学家王朝闻曾亲临三峡觅石，在他编著的《石道姻缘》论石巨著中，收有不少代表性的三峡石；著名学者冯其庸游览瞿塘，得瞿塘石，作《瞿塘石歌》。

为何三峡石受到诸多名人宝爱？宜昌著名赏石家来层林著有《观赏石美学》一书，是主要论述三峡石审美的专著，来层林在《观赏石美学》中论述说："三峡观赏石开发年代早、历史长、名气大。距今200万年前的巫山猿人是亚洲和全世界最早的原始人类，使用石头的历史也是最早。"

5 ｜ 三峡石成为摄影主题

在三峡地区，三峡石多次成为摄影创作活动的主题，其中，湖北省枝江市江口镇举办的"三峡老街"人体摄影创作活动，在经过媒体传播后，影响较大。

这次摄影活动由三峡民俗摄影协会、枝江市摄影家协会、宜昌市西陵区摄影家协会共同举办。枝江是三峡雨花石（又称枝江玛瑙）的主产地，有一条盛产雨花石的"玛瑙河"。在人体摄影现场，一名雨花石收藏家将"祥云"和"仙人洞"两件雨花石极品贡献出来，供拍摄之用，其中"祥云"雨花石重达十余千克，最宽处达25厘米，如此特大的雨花石十分罕见。

"三峡老街"人体摄影创作活动首次把三峡雨花石作为拍摄题材与人体配图，丰富了摄影内容，被媒体称为"三峡雨花石首次与人体共美"。三峡石成为摄影主题，为三峡石文化增添了艺术色彩。

△ **桃园春色**

三峡玛瑙　9厘米×8厘米　肖张华藏

6 | 三峡石与园林文化

自古以来，人们就喜欢用三峡石来点缀园林空间，所以三峡石与园林文化有不解之缘，可以说，三峡石文化是中国园林文化的一个重要组成部分，而园林文化又丰富和升华了三峡石文化。

三峡石文化与园林文化的交融互动首先表现为三峡石对园林的点缀方式上。观察古今三峡石在园林中的点缀方式，主要有如下几种：

作铭牌石（也叫指路石）。

作驳岸、挡土墙、石矶、踏步、护坡、花台，既造景，又具实用功能。

利用山石能发声的特点，可作为石鼓、石琴、石钟等。

作为室外自然式的器设。如石屏风、石榻、石桌、石凳、石栏，或掏空形成种植容器、蓄水器等，具有很高的实用价值，又可结合造景，使园林空间充满自然气息。

利用三峡石营建动物生活环境，如动物园用山石建造猴山、两栖动物生活环境等。

用三峡石作为名木古树的保护措施或树池。

不同的三峡石置于园林，可产生不同的艺术效果。例如，造园设计者为了表现春天的意境，常用修竹千竿和仿佛似茁壮竹笋的石笋配置在一起，青竹虽直，但低弯的尖梢使石笋藏其身而露其头，产生虚实的变化，以此表达春意。如再植以四季常青的桂花，给人以青春常在的感觉。

园林置三峡石有很多讲究，这些讲究是传统文化顺延下来的方法，主要有如下方法：

（1）特置

特置三峡石大多由单块山石布置成独立性的石景，常在环境中作局部主题。特置常在园林中作入口的障景和对景，或置于视线集中的廊间、天井中间、漏窗后面、水边、路口或园林道路转折的地方。此外，还可与壁山、花台、草坪、广场、水池、花架、景门、岛屿、驳岸等结合来使用。

特置三峡石布置时，选石宜体量大，轮廓线突出，姿态多变，色彩突出，具有独特的观赏价值。特置三峡石为突出主景并与环境相协调，常石前"有框"（前置框景），石后有"背景"衬托，使山石最富变化的那一面朝向主要观赏方向，并利用植物或其他方法弥补山石的缺陷，使特置山石在环境中犹如一幅生动的画面。

△ **龙行天下**

三峡沉积岩　80厘米×50厘米　李晓红藏

（2）对置

把三峡石沿某一轴线或在门庭、路口、桥头、道路和建筑物入口两侧作对应的布置称为对置。对置由于布局比较规整，给人严肃的感觉，常在规则式园林或入口处采用。对置并非对称布置，作为对置的山石，在数量、体量以及形态上无须对等，可挺可卧，可坐可偃，可仰可俯，只求构图上的均衡和形态上的呼应。

（3）散置

散置即所谓的"攒三聚五、散漫理之，有常理而无定式"的做法。常用奇数三、五、七、九、十一、十三来散置，基本单元是由三块山石构成的，每一组都有一个"三"在内。散置对石材的要求相对比特置低一些，但要组合得好。常用于园门两侧、廊间、粉墙前、竹林中、山坡上、小岛上、草坪和花坛边缘或其中、路侧、阶边、建筑角隅、水边、树下、池中、高速公路护坡、驳岸或与其他景物结合造景。

散置的布置特点在于有聚有散、有断有续、主次分明、高低起伏、顾盼呼应、一脉既毕、余脉又起、层次丰富、比例合适、以少胜多、以简胜繁、小中见大。此外，散置布置时要注意石组的平面形式与立面变化。在处理两块或三块石头的平面组合时，应注意石组连线总不能平行或垂直于视线方向，三块以上的石组排列不能呈等腰、等边三角形和直线排列。立面组合要力求石块组合多样化，不要把石块放置在同一高度，组合成同一形态或并排堆放，要赋予石块自然特性的自由。

（4）群置

应用多数三峡石互相搭配布置称为群置或称聚点、大散点。群置常布置在山顶、山麓、池畔、路边、交叉路口以及大树下、水草旁，还可与特置山石结合造景。群置配石要有主有从，主次分明，组景时要求石之大小不等、高低不等、石的间距远近不等。群置有墩配、剑配和卧配三种方式，不论采用何种配置方式，均要注意主从分明、层次清晰、疏密有致、虚实相间。

园区置三峡石还要把握如下要点：

首先，选石、布石应把握好比例尺度。

园区置三峡石要与环境相协调。在狭小局促的环境中，石组不可太大，否则会令人感到窒息，宜用石笋之类的石材置石，配以竹或花木，作竖向延伸，减少紧迫局促感；在空旷的环境中，石组不宜太小、太散，会显得过于空旷而与环境不协调。

其次，置石贵在神似。

园区置三峡石贵在似与不似之间，不必刻意去追求外形的雷同，意态神韵更能吸引人们的眼光。

不论地面还是水中置石，都应力求平衡稳定，石应埋入土中或水中一部分，像是从土中、水中生长出来的一样，给人以稳定、自然之感。

置石应在游人视线焦点处放置，但不宜居于园子中心，宜偏于一侧，将不会使后来造景形成对称、严肃的排列组合。

△ **世外桃源**

三峡沉积岩　100厘米×34厘米　李晓红藏

△ 瑞兽（吉象）

三峡石灰岩　58厘米×52厘米　罗方全藏

△ 春山滴翠

三峡花岗岩　40厘米×42厘米　罗方全藏

　　可利用植物和石刻、题咏、基座来修饰置石，转移游人注意力，减弱人工痕迹。但石刻、题咏的形式、大小、字体、疏密、色彩必须与造景相协调，才能产生诗情画意，基座要有自然式、规则式之分。

　　总之，园林园区配置三峡石，既应遵循传统的审美标准，又要有所创新，要体现传统文化底蕴，还要有现代气息，表现出艺术性和文化观念。

7 ｜ 三峡石雕刻文化

　　三峡石的雕刻文化历史源远流长。玉文化是中华文明的基础石，而石器则是玉器之始祖。中国石刻艺术起源于新石器时代，从打磨石器中得到初步技能，自铜器、铁器出现后，石刻技术才得到飞跃的发展，雕塑的形式就出现了圆雕、浮雕和透雕。

　　雕刻技术从低级到高级，从石器、石玩具到石装饰品；石工具从石磙、石磨、石臼、石碓、石桌、石砚到石碑刻字。石雕塑有石兽、石人、石狮子、石磬到高级工艺品。

　　三峡石中有的观赏石无须雕刻就似古雕图案、文字和兽形，如龟石等。有的在画面石上刻上诗文就起到画龙点睛的作用。

　　位于西陵峡口的国家四A级风景区"三游洞"，不仅自身是一座灵秀迷人的巨型盆景风景石，其洞内外更是留下了众多历代名人刻石真迹和塑像。白居易、苏轼、欧阳修、陆游等文学家在其洞壁上和碑廊里都雕刻有脍炙人口的诗文、游记和书画。"三游洞"是名副其实的石刻文化艺术宝库。

△ **中华震旦角石**

最高者158厘米　朱培文藏

△ **中华震旦角石**

各种工艺品　朱培文藏

　　临江石壁上镌刻的陈毅诗词"三峡天下状，请君乘船游"，洞口石壁上雕刻的著名抗日爱国将领冯玉祥将军的"还我河山"更是为中外游客所熟知。

　　在西陵峡南岸有三峡中最大、年代最久远的古建筑——"黄陵庙"，当年诸葛亮率军入蜀时在此留下了宝贵的《黄牛庙记》碑刻。庙内至今还存有许多记载洪水水位的碑刻，这些碑刻也为三峡工程建设提供了珍贵的水文历史资料。

　　在西陵峡石门江边的大型石壁上，由中国画研究院、广东画院和湖北省美院联合组织的世界著名华人画家144人，摩崖刻石书画146幅，同时雕刻了大型石印章137枚，历时三年，于1996年6月竣工。这一创举，被世人称颂为"三峡刻石第一观"。为三峡画廊锦上添花，更加丰富了三峡石刻文化的内涵。

8 ｜ 三峡石旅游文化

　　三峡观赏石文化的研究与开发，对于宜昌旅游名城的建设具有现实意义。宜昌当地三峡文化研究学者袁薇提出，三峡观赏石文化是三峡宜昌旅游的最佳景点，也是三峡宜昌旅游风景区的一大亮点。

宜昌旅游风景区的美景处处都因石峰、石洞、石刻和观赏石文化而著名。三峡人家风景区里有中华第一神牌——石令牌，巨石耸立江边，高32米，宽12米多，厚约4米，重达4300余吨。

灯影洞内的"五色奇音石"，它色彩丰富，呈黑、白、黄、灰、绿五色交织，敲击，可闻鸣锣击鼓之声，令人叹为观止。

车溪风景区的天龙云窟是车溪自然景观的精品，洞内的莲花潭石令人叫绝。

国家森林公园柴埠溪风景区真是"幽峡百里，奇峰三千"，峡谷两岸峰林密布，绝壁千重，绝景120多处，形成了独特的峰林景观。

"三游洞"景区有历代以楷、隶、篆、草各体书写的吟咏"三游洞"诗词赋崖壁刻、碑刻近百件，世界著名华人画家一百多人篆刻了大型石印章137枚，堪称我国洞内的书法宝库。当代又增设了三峡观赏石馆，是藏石家谢艺扬用他的财力和智慧收购了很多三峡精品石供游客观赏。

位于城区的龙化石博物馆，分别展示"龙的世界""三峡史前奥秘""人与环境""资源与矿产"和"观赏石"。展出了2亿年前生活在海里的海龙、鱼龙等海生爬行动物及西陵峡生物群等。这些珍贵的化石和观赏石，既供游客观赏，又是重要的科考和教育资源。

最令游人称道的就是大坝景区内经常可以见到的三峡大坝的基石——花岗岩。三峡大坝基底岩石，为元古代闪云斜长花岗岩，形成时间至今8亿年，具有修建混凝土高坝的优良地质条件。外国专家评论说："这是上帝赐给中国的一块宝地。"

△ **蛟龙出海**

三峡玛瑙原石　9厘米×9厘米　徐健藏

△ **节日之夜**

三峡玛瑙　11厘米×11厘米　徐健藏

　　欧阳修公园是历史文化、园林文化和观赏石文化结合的典范，为纪念北宋著名文学家欧阳修1036年被贬任夷陵（今宜昌）县令的丰功伟绩而建此园。欧阳修雕塑像和九咏诗碑是用三峡青石雕刻而成的，前后大门正中摆放了两个巨大的三峡彩色花岗岩石，其前门巨石，造型奇特，活像一个庞然大物静卧迎宾客，疑似神牛没有角，好似大象鼻已入地，耐人寻味。

　　它的前面摆放着6个大型彩色石球，上面分别雕刻着牡丹、梨、桃、梅、菊花和竹笋，座面刻有诗句让人品尝。长廊边还将欧公的生平形象绘于6块大石上，用观赏石营造出浓郁的三峡历史文化公园。

　　此外，儿童公园、滨江公园、东山公园、王家河公园等都有三峡观赏石的景观，显得十分秀丽。

△ 玉壶茶香

卵石　20厘米×15厘米　徐健藏

二 三峡石的鉴赏技巧

近年学术界经过争议，已将天然观赏石列入艺术品的范畴。赏石即是赏美，观赏石的鉴赏，则是对天然艺术品的欣赏和鉴定。

三峡观赏石种类众多，鉴赏时讲求"质、色、形、纹、神韵、意境"等要素。在形态、色彩、纹理、神韵等方面都颇有特色，景致高贵典雅，被藏家认为是集观赏性、科研性、收藏性于一体的珍品。欣赏三峡观赏石，要观石形的均衡比例、走向线条、力点、动感等，观石的质地变化、纹理变化、色度浓淡，观石的沧桑痕迹、古朴韵味、文化内涵等。

1 │ 三峡石的图画鉴赏

关于三峡石的鉴赏要点，三峡石收藏家来层林在《观赏石美学》一书中，综合所有观赏石的特色，归纳为"十美"，即独特的纹理美、独特的雕琢美、独特的裂皱美、独特的洞穴美、独特的色彩美、独特的禅定美、独特的晶体美、独特的化石美、独特的音质美、独特的纪念美。

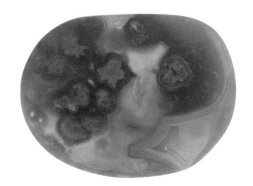

△ **贵妃**

三峡玛瑙　6厘米×5厘米　李蔓萍藏

△ **骆驼**

三峡玛瑙　6厘米×5厘米　李蔓萍藏

△ 童子

三峡玛瑙　5厘米×6厘米　李蔓萍藏

△ 绿

三峡玛瑙　4厘米×6厘米　李蔓萍藏

　　来层林将独特的纹理美作为三峡石"十美"之首，纹理美主要是指图画美。三峡石，尤以三峡图画石最为独特，或状人类物，惟妙惟肖；或色泽艳丽，自成画卷；或金光闪闪，令人炫目；或花纹交叉，成为文字……天工巧成，深受人们喜爱。大自然的鬼斧神工，天然再现的艺术结晶，令人叹为观止。

　　天然石画奇妙之处在于不是人为却胜似人为，达到一种"自然的人化"，凡看过清江图案石精品者，无不被大自然的鬼斧神工所折服，正如300多年前徐霞客看到"云石"之图案后大呼："人间（之画）皆为俗品，画苑已可废矣！"

△ 定海神针

三峡玛瑙　5厘米×4厘米　李蔓萍藏

△ 山水国画

三峡玛瑙　4厘米×7厘米　李蔓萍藏

三峡清江石的"布局、构图、着墨、用笔、意境"往往出人意料，而其精美、气势、惟妙惟肖又让人不可思议，仿佛真有天公的神来之笔，观者只能仰天叹服大自然的玄妙，只见寥寥数笔，便把群山高远、重峦叠嶂、若虚若幻的意境表现出来，正所谓："华安北溪一片石，绝妙画意千金值。但见墨山势高远，从此名家愧称师。"

2 ｜ 三峡石的色彩鉴赏

三峡观赏石之美，还在于它的色彩和纹理。三峡石色彩斑斓，形状千姿百态。由于三峡石石种繁多，使该石种汇聚成赤、橙、黄、绿、青、蓝、紫等多种颜色，其色彩以黑、白、灰、黄色为主，既有单色及过渡色，也有多种复合色，给人带来色彩的美感，有的鲜艳夺目，有的古朴典雅，其风格各异，品位独特，韵味十足。

三峡石曾多次在中国赏石展上获得金奖，很多是以色彩取胜，如中国西部观赏石展上，重庆藏家陈勇的三峡石"墨林"获得金奖，"墨林"其实是色彩首先打动了评委，说明了三峡石的色彩鉴赏价值非同寻常。黑白图案石是三峡观赏石的重要类别，完全是中国水墨山水的大境界。

△ **贵妃出浴**
三峡玛瑙　10厘米×8厘米　贾卫藏

三峡石中的清江画面石五颜六色、异彩缤纷，对比度鲜明。以色彩取胜的三峡石，代表性作品还有藏家邹景清家中的"春、夏、秋、冬"四块三峡石，以及"天高云淡"等画面石，油画的基调，音乐的旋律，天然的色彩，使人看了有身临其境的感觉。

3 ｜ 三峡石的纹理鉴赏

三峡石从观赏角度讲，有象形石、画面石、文字石等，尤以画面石在全国观赏石中最具魅力，最为人们所赞叹。三峡石纹理独特，妙趣天成，极富神韵，令人叹为观止。

三峡石的纹理美，首先表现在画面线条上，其线条清晰、流畅、优美。正如

△ 红梅盛开

三峡玛瑙　11厘米×8厘米　贾卫藏

收藏家邹景清所说："三峡天鹅石之线条优美细腻，如同行云流水，天上仙景，令人遐想，令人神往。"

三峡石的石面上形成的图案，不管是河流山川、风云雷电、日月星辰、花草树木、鸟兽鱼虫，还是人物动物、都市村庄、悬崖瀑布、小桥流水，几乎都兼有国画的墨韵和油画的质感。

世界上的文字种类很多，写法不一，尤其是中国文字的发展历史较长，且有繁有简，在从甲骨文到篆、隶、楷、草、行这一系列的演变过程中，它的写法更是千变万化，很难把握辨识，自古只有善书法者对此才会有深入的研究，往往一枚十分难得的文字石，因你缺乏此类知识而与你失之交臂，所以，藏石者最好具备一定的书法修养。

三峡石的纹理鉴赏需要具备一定的绘画知识，古今名家绘画都值得纹理石的收藏者借鉴学习，石中的图案、色彩、线条、远近层次、立体感、形成逻辑及其韵味，往往也是绘画者在创作一幅作品时十分注重的，尤其是抽象石与绘画中大写意的内在联系。

△ 翠竹

三峡玛瑙　10厘米×7厘米　贾卫藏

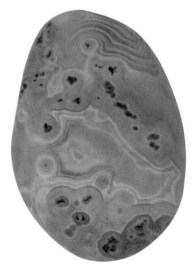

△ 龙眼

三峡玛瑙　13厘米×9厘米　贾卫藏

4 | 三峡石的形状鉴赏

三峡石的形状指三峡石的外貌和造型。

三峡石的外貌有自己的特点，特别是图画石，都是通过打磨而成，显得非常圆润光滑，视觉感十分舒服。

三峡石经过江水的冲洗，水洗度好。奔腾不息的江水，蜿蜒曲折的河床，让三峡石在长年累月的相拥相撞之中，磨去了棱角，有的石种，无须上油打蜡，也能让人感觉细腻如酥，因而带给人们以爽心悦目的美的享受。

三峡石大多是江水的产物，纯净自然。长江流域，由于其丰富的资源优势，使得沿江绝大多数长江观赏石的采集、收藏者，眼下都在共同维护着这一片天然把玩的净土。

△ 红日中升

三峡玛瑙　8厘米×6厘米　贾卫藏

三峡象形石是三峡石的形状鉴赏的主体，其独具人物和动物的韵味，邹景清收藏的三峡梨皮石一方，形似罗汉，栩栩如生；另有一方题名为"三峡雄鹰"的三峡灵璧石，天然的色彩，尤其是天然的鹰嘴巴，尖尖的，弯弯的，形态逼真，神形俱在；还有一方三峡墨玉石，似佛手，看了令人神往。

三峡浮雕石也是三峡观赏石中的一绝，数量极少，由不同的颜色、不同的石纹合成一朵形象逼真的浮雕之花，看了使人不得不惊叹大自然的鬼斧神工。

由于受地质的影响和水的冲刷，有一种三峡观赏石呈现凹凸不平的窝状。不仅具有观赏性，有的还可以用作天然石砚置于案头，可谓大雅。

5 | 三峡石的形式美鉴赏

三峡石的形式美，是指它的形、质、面、画、肌、底六个方面的美感程度。

其中，"形"指"形状"，指外形是否得体、圆润、匀称；"面"指"表面"，指外表有无残缺、有无裂痕，主体面是否平整、纯净；"画"指画面感是否逼真和传神；"肌"指"肌肤"，指表层是否自然或具有天然的石皮；"底"指"底座"，指配座与主体的衬托效果。

　　这些，都是表现三峡石天然艺术的载体和基础。如果都能达到理想的效果，则更能提升该三峡石藏品的艺术品位和档次。但是，仅有理想的载体（即形式美）是不够的，因为三峡石作为一种具有天然文化艺术价值的观赏石，其天然的文化艺术效果（即意境美）才是决定其价值的前提和核心，否则，就好比脱离书画（雕塑）内容的一张白纸、一堆泥，又岂能成为书画（雕塑）艺术作品？

　　因此，离开形式美的三峡石，只能是一种石材或石料，若非稀有（珍贵）石种，是不能单独确立其文化艺术价值的。

6 | 三峡石的科学美鉴赏

　　科学美是三峡石的科学方面的价值，包括以下几个方面：

　　（1）三峡石形成的科学原理

　　各种不同类型的三峡石是如何形成的？这是每一个三峡石收藏者都好奇的问题，有好奇，就有对其形成的科学原理研究的冲动，就有研究发现的乐趣。

　　大约在十亿年前，长江三峡还是一片汪洋大海，后来上升成为陆地，经过长期的地质变迁，形成了众多的山脉和河流。以长江为主流，加上数百条大小河流，汇成了庞大的山系和水系。

△ **月上柳梢头**

三峡水冲石　14厘米×18厘米　庸群藏

△ **山外有山**

三峡水冲石　23厘米×30厘米　庸群藏

这里沟壑纵横，河道交错，长江上游沿岸鹅卵石多系变质岩、沉积岩和花岗岩，经过亿万年江水冲刷、搬运、摩擦，变得体态玲珑，纹理细致，形态万千。研究破解三峡石形成的科学原理的过程，就是三峡石的科学美鉴赏的过程。

（2）三峡石形成的漫长历史过程

三峡石源来自长江上游冲积到此和该区古老的前震旦系变质岩、沉积岩和前寒武纪侵入花岗岩，千山万石早在人类出现以前就在这里土生土长。这就是三峡石形成的漫长历史过程。

对三峡石形成的历史过程的考证和发现，其中蕴涵着对三峡石的探究和审美，也包括了三峡石本身的历史价值，这里的科学美，还包括了历史美。

（3）三峡石中的化石研究

化石更具有观赏石中的科学内涵。三峡地区的石质除了西陵峡中段的黄陵背斜核部为花岗岩和变质岩外，其他都是沉积岩，包含着各种矿物和生物遗体，色彩斑斓，化石丰富，为天然观赏石艺术品的形成创造了极为有利的条件。

被人称为石燕的宜昌杨子贝、婆川五房贝、鹦鹉螺化石、中华震旦角石，珊瑚、三叶虫等古生物化石都产于宜昌，它们是生长于奥陶纪上期和下期的鹦鹉螺类和贝类动物，距今已有5亿多年。

南朝齐梁时的著名道家陶弘景对琥珀中的昆虫，宋代大科学家沈括对螺蚌化石，以及杜绾对鱼化石的起源，都已有了正确的认识。

△ 紫水晶

30厘米×45厘米　庸群藏

△ 紫水晶

24厘米×19厘米　庸群藏

△ **白水晶**

22厘米×14厘米　庸群藏

对三峡石中的化石研究过程，就是研究者和收藏者进行学术探索不断有所收获而产生愉悦的过程，这一愉悦过程，即是三峡石的科学美鉴赏。

（4）三峡石中的自然、社会、思维等的客观规律表现

既然科学是反映自然、社会、思维等的客观规律的分科的知识体系，那么，相关知识体系的思想文化风尚，就必然对其所反映的自然、社会、思维对象的价值产生一定的影响。艺术虽然可以说无国界，但"健康、积极、向上"风尚在各国却有其共通性。因此，权衡天然观赏石艺术品的价值，仍然也有一个思想文化风尚的问题。

科学美，就是要提倡一种健康、积极、向上的发展方向。一枚天然观赏石，如果形式美、意境美达到了极高的境界，加之能给人带来一种愉悦、兴奋、激情或者美好的回忆，那在科学美方面也算达到了理想境界，那自然就是一枚比较完整的上品了。

三峡石中的自然、社会、思维等的客观规律表现，也是三峡石的科学美。

7 | 三峡石的意境鉴赏

三峡石将人间百态、世间万象兼容并包，它以画面石为主，也有造型石、色彩石、化石等，其意境深沉而清新。由于三峡石表现形式极为丰富，使这一石种具有超然的艺术情调和境界。

三峡石的意境，是指它的色彩、纹理、线条以及其载体所综合表现的艺术情调和境界。如何发现和鉴赏三峡石的意境，应从如下方面着眼：

（1）看其是否具有鲜明的主题

主题也叫"主题思想"。艺术作品的主题，是指该作品所蕴涵的中心思想。它是作品内容的主体和核心。一部作品可以有一个主题，也可以有多个主题。

三峡石的意境是由"意"和"境"两部分有机结合构成的，其中的意就是主题思想。三峡石的意境是由石中之境与作者之意有机结合而创生的。境与意有先有后，相辅相成，境是基础，意为主导。三峡石收藏活动，即所谓以境孕情，又借情以造境。只有境的基础好，才能意不泛

△ 鱼翔浅底

三峡水冲石　14厘米×10厘米　庸群藏

空。只有高意创造，才能境随意高，所谓艺出高格，就是指"境意"双优。

　　三峡石意境的创作与得来，不是作者随心所欲，也不是石头天然生成的。所谓"得意忘形"，是说意境的获得，需要经过物质与精神、客观与主观、实体与灵魂的高度协调与统一，升华到一种特殊的境界。这种境界不拘泥于具体形象，也不是作者原有的思想境界。

　　三峡石既然作为艺术品来欣赏，首先就必须看它是否有具体对象与内容的反映和塑造，这是权衡判断一枚三峡石文化艺术价值的至关重要的方面。

　　同时，主题要积极健康，如反映"福""禄""寿""喜""上""进"的三峡石的，就远比反映"死""亡""伤""悲""下""败"的三峡石的价值高得多。所以，一枚原本很好的三峡石，如何去发掘最佳主题，如何给它命好题目，也是反映其意境美的重要方面。

　　石头是无言的，它的好坏众说有理，价值难定，然藏石者若具备一定的文学修养和艺术修养，能集百家的见解，引经据典，紧扣主题，冠以恰当称谓，再附以诗词，即使一件普通的石头也会身价百倍。当然，也不要过分卖弄文辞，生造主题，否则会令人百思不解，不知所云。

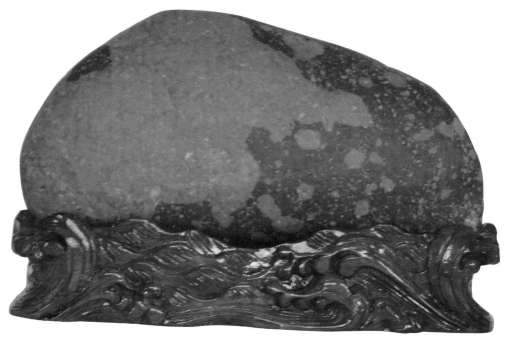

△ 吉象（也名金龟）

三峡水冲石　21厘米×12厘米　庸群藏

△ 白水晶

20厘米×25厘米　庸群藏

（2）要观察其构图、造型是否合理

图文石，就要以书法、绘画艺术的眼光去审视，看它的构图是否合理；造型石，则要以雕塑艺术的眼光去审视，看它的造型是否得体或符合客观规律。

（3）要看图文的纹理反差、造型线条、色彩美感如何

图文石，画面反差越大，图案越清晰，其夺目感越强，主题越鲜明；造型石，其线条越优美，越具有雕塑感；色彩石，其颜色越鲜艳、独特，美感越强或越具有艺术感染力。

（4）看其艺术性是否高迈

看三峡石的艺术性是否高迈，这就需要鉴赏者必须具备比较全面、丰富的艺术眼光和知识面，才能有所感触。比如有的自然表现手法是工笔、是写意、是白描、是泼墨、是皴皱、是夸张、是特写等，你就必须首先懂得这些艺术表现手法的基本概念。不然，我们碰到这些表现手法的三峡石作品，就根本无法感觉和判断其艺术价值。

（5）看能否将欣赏者带到天人合一的境界

三峡石正成为越来越多都市人亲近自然、崇尚艺术的新时尚。发现是三峡石创作的重要环节。诗词创作靠灵感，观赏石创作靠悟性，三峡石艺术作品的创作过程，实际是一个由实到虚，由有形到无形，由图境到想象，由局部到整体，由

真实到梦幻，由"天""人"的分割到"天人合一"有机结合的过程。这过程就是发现与创造相结合的过程，这就是意境孕育成形的过程。

三峡石意境的最高境界是"天人合一"。石者为天，作者为人。三峡石创作特别重视人的创造，创作中创造有我之境，主张以我观石，创造出以我之心景的意境。同时更主张创造更高的艺术美的境界，这就是所谓"无我之境"，这就表现了石友们的一句"行话"，即"把石溶为我，把我炼为石"，这就是"天人合一"。

（6）看是否能令人感受到其"禅意"

如果说"天人合一"是三峡石意境的最高境界，那么，"禅意"就是收藏三峡石的最高境界，收藏者通过对三峡石"禅意"意境的发现和发掘，可以进入"禅藏"之境。

什么是三峡石的"禅意"呢？具有"禅意"的三峡观赏石，它大象无形，恍兮惚兮；其中有象，惚兮恍兮；其中有物，恍恍惚惚；其中有真，其中有性，其中有情。

正如一位收藏家所言："我喜欢三峡观赏石，以艺术之眼寻觅三峡观赏石，从中感悟自然造化，体验人生荣辱，感叹历史兴亡，其乐也融融。"这就是通向"禅意"之道，也是真正感悟到三峡石意境的真实写照。

8 | 三峡石与人类艺术比较鉴赏

三峡石之所以为"艺术"，是由于其形形色色、各式各样的造型正好与人类的审美情趣、标准合拍。但它不是人类艺术，而是大自然的杰作，是天然的艺术。

宜昌诗人刘不朽说："事物之美，贵在自然；艺术之美，贵在发现。千秋万代，古往今来，多少文人雅士为三峡石之神奇而倾倒成石狂，多少诗家墨客为三峡石之美妙而陶醉成石痴。"

所以有人说："观赏石好似一部天然巨著，它以其独特的风格和手法向人们展示其固有的艺术思想，我们因此而能读懂它，并以自己的审美标准和思维方法去理解它。"

△ 马首

三峡水冲石　13厘米×14厘米　庸群藏

与人类艺术相比，观赏石也有书法（文字石）、绘画（图案石）、雕刻（造型石）、音乐（响石）等形式之分。观赏石精品中有文字石"一代伟人邓小平""中华观赏石（行书）""回归""中山（楷书）""舞""寿"等，文字内容之多，书写风格之生动，让人感叹。三峡观赏石中，则以画面石最为传神。

也有人说三峡石就是"人类艺术"或"类艺术"，此说实则是指人类对观赏石的艺术发现。人们付出劳动捡石，花钱买石，又以自己的思想、标准品石，让其成为人类艺术。

△ **源泉**
三峡流纹石　26厘米×30厘米　李晓红藏

但发现石、捡石和买石都不是表现、创作，也就算不上人类艺术。人们只是在借用人类艺术的审美观念、标准去发现、欣赏观赏石。

在三峡石的图案石中，其表现手法令人叫绝，既有工笔，也有写意，既有打磨大手笔，也有不制作的，给人以多品种、全方位的艺术享受。大到桂林的象鼻山、九马画山，四川乐山的天然卧佛，三峡的神女峰，小到须借助放大镜才可观赏的微型画面，单色图、多色图、花鸟虫鱼、山水人兽，应有尽有，面面俱到。

有些三峡石一面看，其线条生动流畅，飘逸奔放，从这个角度看显此物，从那个角度看又似彼人彼物，有的似漫画似速写，有的又似中国水墨，令人心旷神怡，浮想联翩。

如"唐三藏"等，好似一幅幅的工笔画（石）。1997年6月在北京嘉德拍卖行以42.9万元人民币成交的"回归石"，即是一幅逼真的香港地图。还有像"翠峰晓雾""春、夏、秋、冬""东坡醉酒""独钓晚秋"等石，则具有中国水墨画的大写意风格。尤其是从其质、形、纹、色中透出的意蕴美，则完全可与（人类）绘画的意境相媲美。

三峡石中的造型石，与人类雕刻极其相似，当然也有差异，但很容易让人联想到人工雕刻作品，如木雕、玉雕、石刻等。

其实，从艺术的本源来看，图案石本来就是人类艺术之母，她曾给了多少画家以灵感和启迪，真正的大艺术家往往都是在模仿大自然基础上成功的。

三峡石特别是图案石呈现作品（大自然天然创作）的表现手法，往往包含了人类社会错综复杂的综合艺术，如雕塑艺术、书画艺术、摄影艺术等。因此，要正确解读和识别那些千差万别的个体观赏石的文化艺术价值，就必须懂得一些艺术、美学的基本知识，如何为艺术、艺术品、艺术性、抽象艺术、雕塑艺术、书画艺术、造型艺术、摄影艺术、形式美、艺术美、形象、美感、色调、主题、主体、意境、内涵、科学等。这样，在接触那些载体不同的艺术品时，才会有明确的审美标准，特别是接触以石头为载体的观赏石艺术品时，才会胸有成竹。

将三峡石与人类艺术比较鉴赏，可以更深刻地发现三峡石之美，发现其美在哪里，进而获得准确的价值判断。

9 | 鉴赏是价值判断的基础

一枚三峡石就是一段历史，一个故事，一道风景，它是立体的画，无言的诗，不谢的花。

"完全没有想到三峡观赏石有这么美！"这是韩国藏石家李知恩女士参观宜昌三峡观赏石馆后发出的赞美和肯定。

三峡石收藏不仅在中国热起来，在西方也渐渐被看好，收藏的人越来越多，尤其是对于美国人来说，"三峡石"具有一种深厚的传承价值和美学价值。

三峡石的鉴赏，是三峡石收藏价值判断的基础。鉴赏水平越高，就越能体现知识就是价值的原理，就能买到物有所值或物超所值的三峡石藏品，离成功的收藏也就越近。反之，鉴赏水平较低或不具备鉴赏能力，则不可能判断三峡石的真实价值，而只会烧钱。

既然三峡石作为一种天然的艺术品进入人们的收藏领域，那么，其藏品的艺术价值，就应该是收藏者必须首先考虑的重要

△ 济公活佛

变质岩　30厘米×35厘米　罗方全藏

问题。三峡石由于其得天独厚的资源
条件，形成了特殊的艺术个性，尤其
是它所具备的意境美和丰富的文化内
涵，最能让人感受到传统文化的精神
漂泊与诗意栖居。因此，这一石种，
成了天然观赏石收藏中最具文化艺术
价值的收藏品之一。

　　三峡石之美，"仁者见仁，智
者见智"，但它并非文人雅士闲来无
聊的清谈高论，石头终归是石头，无
生命、无思维、无语言，然而深入研
究，可发现其内涵博大精深。三峡石
不仅跟地壳的变迁、自然的形成有

△ **牦牛（也名高原之舟）**
荆山绿碧玉　　32厘米×21厘米　　罗方全藏

关，而且与人类文明的发展，尤其是与书法、绘画、文学有着紧密的内在联系。
当我们面对一块石头，需要准确地说出它的类别、硬度及颜色成因，这就需要我
们具有丰富的或一定的知识。

　　人们对事物的看法往往都有一个争议、辩证归一的过程，藏石亦然。目前，
藏石可分为两大类型：一是自然型；二是非自然型。

　　自然型讲究一切天然，不事任何人工雕凿，全求一个意境。古人论艺："以
天然少雕饰为上乘"，藏石理应如此，当以奇字定位。若一味人工打磨，何以天
然，又何奇之有呢？所以，尽管石源枯竭，在自然成因条件有限的前提下人工打
磨也是一种方法，毕竟它的纹理色彩还是天然的。

　　非自然型则讲究打磨、造型，期待在打磨过程中有佳品问世，作品纵观之，
如一母所生，似玻璃制品。尽管很多人反对观赏石的人工痕迹，然而，这也有一
个认识过程，时间久了，藏石者自然自有定论。

　　大多数藏家主张收藏自然型，然而，看到三峡石后，可能会改变观点。事实
上，三峡石中打磨的图画石，在市场上的价值一直在不断提升，很多获得全国大
奖，这说明，专家和市场都在认可打磨的三峡石，其鉴赏价值的被认同，表现出
收藏价值，也表现出仍有较大投资的趋势。

　　鉴赏三峡石，要正确把握三峡石的价值取向，还得回归到观赏石鉴赏的核心
要领，始终把形式美、意境美、科学美"当代赏石三要素"有机结合，做到突出
重点、分清主次、全面鉴赏，方能正确分辨出它的审美价值高低来。

△ 佛

三峡流纹石　26厘米×47厘米　罗方全藏

三
三峡石的收藏技巧

在当今社会的观赏石收藏热中，三峡石已成为中国观赏石艺术品收藏投资领域的新宠。然而，观赏石艺术品的收藏投资，究竟该怎样去把握？现实生活中，不少投资者往往有钱有胆而缺乏艺术眼光，仅凭一时的兴头胡乱采购，虽然石品充盈华居，而真正能经受时间检验，真正具有收藏价值的东西却寥寥无几，甚至最终成了一堆废品。

所以，三峡石的收藏是有方法和技巧的，这方法和技巧不是凭空而来，而是知识的积累和眼光的磨炼，是对艺术美学的悟性造就，是市场实践培养出来的。

△ 跃

荆山绿碧玉　78厘米×39厘米　向柏源藏

1 | 三峡石收藏三步曲

三峡石收藏是一项高雅、文明、时尚的艺术发现与审美活动。随着我国经济的快速发展和人们生活水平的日益提高，人们追求自然、和谐的理念逐渐形成，三峡石收藏队伍不断壮大。收藏者不仅从观赏石收藏过程中得到快乐，同时也看到并不断得到观赏石收藏本身带来的巨大的经济利益和升值空间。

但如何收藏三峡石呢？收藏爱好者首先要了解收藏观赏石的各个环节，主要有三个重要环节：选石、命名、陈列。

选石时，要根据观赏石的"五性"，即天然性、区域性、稀有性、奇特性、艺术性来采集挑选。选石要掌握观赏石储存分布的规律，到产地去采集挑选。

△ **无题**

雪花石　　36厘米×67厘米　　王新藏

造型石到容易暴露的地段去寻找，如石灰岩山区的新滑坡地段、修路采矿等工地施工地段。

纹理石可到山下河流中段寻找，因为上游岩石表面不光滑，下游则成沙砾，只有中段最好。通过开采切磨加工的纹理石，也会发现奇特、自然的纹理图案，同样很有收藏价值。

收藏三峡石要追求艺术个性，寻求自己的收藏优势，搞特色性收藏，初学者力求做到收藏品类多样化，越深入，越走专题之路，越容易形成自己的专题特色。

专题可选择其中一个地域性观赏石收藏，一个石种的收藏，如专门收藏清江石，可选择三峡卵石收藏，还可按图像分类收藏。如图像分类中可搞"古代人物""十二生肖""百梅图"等系列性专题收藏。

命名很有讲究。三峡石的命名首先要从感性印象出发，看其造型、色彩和画面构成，或抽象或具象，进行构思、立意，再通过联想、回忆、渐悟、顿悟、比较等一系列理性思维过程，才能较好地完成观赏石命名。

三峡观赏石命名有直观法、含蓄法、诗情画意法、悲壮法等命名方法，可以根据不同情况，灵活运用。命名中要做到整体观察，反复推敲。抽象观赏石要起

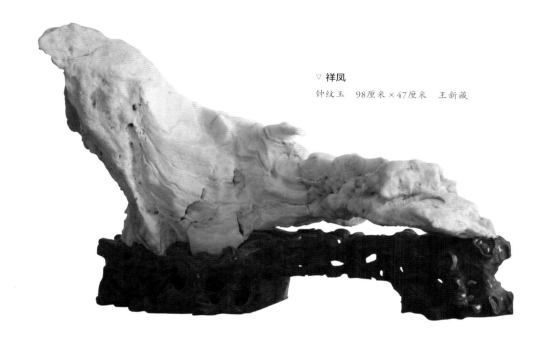

▽ **祥凤**

钟纹玉　98厘米×47厘米　王新藏

具象名字，具象观赏石要起含蓄的名字。

收藏三峡石的目的在于陈列，凡要陈列的三峡石，先要经过表面处理，用专门工具清除杂物，配置底托。然后再根据居室的整体布局安排陈列室，设计定做陈列架，也可将观赏石点缀于台几桌面。

陈列中要注意安全摆放，室内适宜陈列一些中小型三峡石，厅堂之中和院落之内则可摆放一些较大的造型石。陈列中要反复调整、合理摆布。石与石之间要注意形态上的呼应、大小间的变化、色调上的协调，以及光线角度对观赏石陈列效果的影响等。

雅石要"共赏"，而不要"藏而不露"。陈列的三峡石要进行交流，不断增加新品种；新采集的三峡石可邀请三峡石爱好者前来共同品评；精品三峡石则可参加国内大型石展，通过展示可获得高层次的评价，以开阔视野、增长知识、丰富收藏。

2 ｜ 三峡图案石收藏

三峡石中的图案石以其丰富的造型、变化万千的形式和逼真的效果，使收藏者爱不释手。图案石虽说极易到手，但觅得一块上品之石也绝非易事。

△ **老妪（也名顽猴）**

钟纹玉　　20厘米×44厘米　　王新藏

（1）要观察其构图是否合理

不论图案是人物、动物或景色，都应该表现在石头的中心部位。如果图案偏在石头一侧，而石头的大部分是空白的，图案即便漂亮，给人的感觉却不舒服，犹如原应戴在胸前的一朵花，却戴在了腿上。其实，图案石与书法、绘画等艺术一样，构图是首位的问题。

（2）要看图案的色彩与石头底色之间的反差如何

色彩反差越大，图案越清晰，夺目感越强，主题才能越鲜明，给人的印象才越深刻。同一色的图案石，色彩要有深浅变化。色彩没有反差且又无变化的石头，是不应在收藏之列的。另外，还要看图案是由几种色彩组成的。一般来讲，两种色彩或一种色彩的比较多，三种色彩的图案石较少，而四种以上色彩的图案石非常罕见。

图案石由多种色彩组成，但尤以蓝、绿为尊贵，因为这两种色彩的图案石较难觅到。

（3）看造型是否准确

观察具象图案石，不光要看其画面的整体效果，还要看其造型是否准确，形态是否逼真、传神。不论是人物造型或动物造型，在形体比例得当的情况下，如能具有活灵活现的眼睛，则更显现了观赏石的灵性。

（4）看石质和石形

石质差、硬度不够的三峡图案石容易损伤，不易保存和收藏。而石形不稳定，头重脚轻或三尖六棱之石，总给人不悦之感。

（5）看动感

表现景物的三峡图案石，要看其是否能再现大自然的勃勃生机和活力。一块具有动感的图案石，向人们展示了生命的存在，容易感染人、振奋人。

抽象图案石大多动感强烈，变化无穷，或行云或流水，又如烟如雾，使观者目不暇接，如坠云雾之中。由于其构

△ 胜境

钟纹玉　38厘米×36厘米　王新藏

图既简单又复杂，且变化难测，莫衷一是，所以使许多人失之交臂。其实，这正是抽象图案石的绝妙所在。因为图案石来源于自然，天地之手又巧妙地把它融合成神话般的意境，使人神往，令人陶醉。

（6）残缺美犹如断臂的维纳斯

另外，对残缺或图案不完整之石要慎重处理。觅一块满意的图案石确实不易，一旦佳石到手，说明藏家石福不浅，石缘犹在，即使有些残缺和不完整，也要好好珍藏为上。

3 ┃ 识别真假画面石

收藏三峡石中的图案石，是当今藏石界的新潮。在石面上现出天然纹理图案的，叫天然原生画面石。此类图案石，画面清新明快，妙趣横生。

收藏三峡图案石也要防伪。如今市场上一些商人为了牟取暴利，伪造三峡石，造假者通常采用切割打磨抛光、烧烤涂油、化学褪色、染料浸色和用酸液蚀作假石皮等手法，制造出假图案石、假象形石等。

图案石的观赏价值是不可估量的，真正一块好图案石，是经过亿万年河水的涤荡，多少次砂石间的碰撞，沉睡亿万年中，被人们的偶然间发现，实为难上加难。图案石的鉴赏，必须强调高标准，严要求。收藏者要从审美的角度去观察其立意、构图、物象，图案越真切，价值越高，图案好坏是每块图案石好坏的坐标和准绳，图案是人造的，毫无收藏价值，所以，收藏图案石，不能有半点

掺假。

由于三峡石的图案石在观赏石大家族中的独特文化代表性，所以身价与日俱增，因而造假现象也时有发生。如一些人在普通河卵石上制造出各种逼真的画面和图案，以蒙骗初入石道和对大自然好奇的石友，常见的作伪方法有如下几种：

△ **天鹅**

荆山绿碧玉　55厘米×40厘米　向柏源藏

（1）涂色法

用色涂染石面，留出所需图案，或经加热甚至高温高压蒸煮，使临近石种颜色达到与名石完美的统一。其中主要是使用染发药水和工业染料，这些化学染料有很强的附着性，不能轻易被洗除。

（2）填充法

在石上凿沟，而后填充其他颜色的石末胶水（502等）浆后用砂轮打平、磨光，使其成为图案。

（3）熏烤法

在普通水洗度好的石面上用湿布贴出图案，然后将石用烟火熏烧。烤得轻的能使石头颜色变黑变深，图案对比度也很大，烤得重的可以使石头变成暗红色，更能蒙骗我们的眼睛。

（4）雕刻法

用电钻、砂轮等工具对石头加工打磨成某种图案石，加工后用盐酸腐蚀。更有甚者，用激光在石面上打出图案，高档稀有的三峡石便有这类造假。

4 ┃ 把握三峡石的市场趋势

"凡事预则立，不预则废。"三峡石未来在市场上会有哪些变化，这是关系到我们每一位收藏者和投资者的事情，所以也是收藏者最关心的问题。

研究未来三峡石的市场趋势，可以发现，主要有如下几个特点：

（1）三峡石资源只会越来越少

大自然中石头无数，但能供之厅堂称为观赏石者少之又少。探石者皆知，收藏寻觅三峡石的人，常常连走几天都很难找到一块称心如意的三峡石，因为经过20多年的三峡石热，好的三峡石几乎都被觅石者寻到了、淘光了，三峡石资源趋于枯竭这是不以人的意志为转移的。

（2）三峡石二级市场将唱主角

有一天人们买石主要是从拍卖市场和石友家中买到，而不是从石店购买，这是因为随着石友队伍的老年化，要转让出来的观赏石将会超过从野外新找来的，而这些老石友更多的是选择拍卖和在家销售，而不是开店。

（3）三峡石拍卖会变成交换会

三峡石拍卖的社会需求决定了它的必然产生，但是现在的拍卖法不合适，因为它太僵硬、费用太高。自愿结合的交换会必然应运而生，这种交换会不要专职的拍卖师，人数不限，随时随地，费用低廉。这种形色的拍卖在日本等先进国家十分普遍。

（4）三峡化石收藏将兴起

在世界上的许多发达国家里，化石收藏完全自由，化石收藏的人群也很多。如果说三峡观赏石收藏的是艺术，那么三峡化石收藏的则是科学。在发达国家人们的古生物学和地球科学的知识普遍很高，这与许多人收藏化石直接相关。随着国际交流的扩大，舆论的要求，我国的文物法一定会与时俱进。

现在全国收藏化石者成千上万，这已是一个公开的秘密，有的人甚至早已设馆开放，机会常在于捷足先登。

△ **丛林初春**

三峡玛瑙　12厘米×11厘米　李久春藏

（5）三峡石的下游产业会大发展

这里的下游产业指的是配座、配台、配桌、挂轴、摆件的生产和销售，尤其前四者有着很大的发展空间，而且如影随形，与观赏石业共存共荣。

黄蜡石收藏与鉴赏

一
黄蜡石文化源流

1 | 黄蜡石的得名

黄蜡石古时算不上大石种，这种蜡石在古代泛称碔趺，即意为一种像玉的石头。可见当时人们对这种石头已经评价很高了，认为它甚至可以乱玉或者抵用玉的观赏或使用效果，这在很多古籍中都有所记载。

如金代元好问《论诗绝句其十》中描写："少陵自有连城璧，争奈微之识碔趺。"

目前发现"蜡石"这个词，最早出现在明代万历年间的养生家高濂先生的巨著《遵生八笺》"高于盆景说"中，它作为树石盆景的组成部分，还没有脱胎成为独立的赏玩石。可见"蜡石"的名称从1591年至今，至少已有420年的历史了。

△ **海纳百川**

云南蜡石　63厘米×33厘米　朱旭佳藏

　　还有清代蔡有守《师子林》诗："吾生有石癖，闻之安可禁。今日嫁吴门，驰檐辄访寻。但见错楚间，乱石支苔岑。一览已无遗，浅率浑布础。肇允陈迹改，结构全殊今。譬婢一名画，后为庸工临。不辨真与赝，闻名徒仰钦。世之耳余辈，碔趺混球琳。"

　　诗中"世之耳余辈，碔趺混球琳"的"碔趺"，就是黄蜡石。

　　现在我们沿用的"黄蜡石"这一词，在清代被规范统一使用，也正是沿用了以金玉类鉴赏为代表的工具书——清代谢堃所著《金玉琐碎》的标准。谢堃在《金玉琐碎》中，有对黄蜡石的记载。

　　谢堃以为黄蜡石仅真蜡国（即现在的柬埔寨）出产。谢堃在《金玉琐碎》中说："蜡石者，真蜡国所出之石也。质坚似玉，非砂石不能磨与琢也；昔人曰碔砆乱玉，碔砆即蜡石也。"

　　这段描述是说蜡石最早发现于古代柬埔寨，当时柬埔寨叫"真蜡国"，该国向清朝皇帝上贡过一块极品黄蜡石，所以，蜡石就以真蜡国的国名为石名了。

　　其实，这是当时某些中原人士的一种误解，这种误解可能源自元代周达观撰的《真腊风土记》一书的介绍：黄蜡产于真蜡国，当地百姓从树上蜂巢中取出，运至我国使用。

　　后人可能以讹传讹，就将那些"质坚似玉""黄润多姿""价与玉等"的貌似黄蜡的石头误认为产于真蜡国了。很有可能，清代谢堃的蜡石来历观就是源自元代周达观的描写。

△ **东方之珠**

云南蜡石　16厘米×30厘米　朱旭佳藏

△ **豆蔻年华**

云南黄龙玉籽料　23厘米×18厘米
朱旭佳藏

△ 金基玉岭

云南黄龙玉　26厘米×13厘米　朱旭佳藏

△ 西湖春晓

云南黄龙玉　32厘米×25厘米　朱旭佳藏

　　尽管这是一种误解，但误解造就了黄蜡石文化。

　　谢堃在《金玉琐碎》中还有很多关于蜡石的描写，除了文中所言蜡石源自真蜡国所出之石外，还依照颜色、光泽、透明度以及表面形状，对蜡石进行了类似于蜂蜡、蜜蜡、蜡滴状、蜡凝状等更加细小的区分。

　　并且，谢堃还描述了当时的蜡石市场及其价值："余在广东见蜡石价与玉等，及居鲁，鲁人不识蜡石，乃贱售焉。"

△ 文房清玩

彩陶石　8厘米×12厘米　张洪军藏

△ 仙界

雨花石　4.5厘米×5厘米　张洪军藏

　　这种石初名为蜡石，以产地之名为名，既然得名是因为有蜡质，按说应该叫蜡石，怎么会叫黄蜡石呢？

　　这与中国人的一个传统观念有关：黄色历来为国人所爱，天地玄黄，黄色为正统色，另外，据现代研究表明，黄色是与人类最协调的颜色之一，同时，蜡石中以黄色和白色占大多数，那当然要称其为黄蜡石，方显美石本色。

2 ｜ 黄蜡石的历史

　　历史上，每一种传统名石，都有各自的历史沿革。在岭南的传统赏玩名石中曾一度流行过"罗浮石"和"韶石"，如今著名的仍有英石和蜡石。

△ **雨林滴翠**

彩陶石　　25厘米×19厘米　　张洪军藏

　　此石属绿彩陶画面石，质地坚硬，细腻润滑，形状朴拙，颜色和画面漂亮，画面由翠绿、浅黄、深黄、灰、黑五色组成，黑色条纹和黑灰色的斑点构成了热带雨林里的大树、藤蔓、枝条，翠绿和浅黄色构成了繁茂的树叶和新发的叶芽，赏此石仿佛进入了西双版纳茂密的热带雨林，满眼翠绿，心情舒畅，流连忘返。

蜡石作为观赏石已有较长历史，有遗石可考的，最早可追溯到明代。著名收藏家谢志峰先生鉴藏的白蜡石"白羊"，产于明代的粤北，经过多位社会名流之手流传至今，是最古老的蜡石藏品。

过去的韶关曲江县，也有山民栽种"蜡树"（俗称冬青树）放虫收取白蜡，故以为名。

其实，对于蜡石产地，早在清初就有学者进行过研究了。

1700年，广东著名学者屈大均的《广东新语》问世了，作者在该书卷五（石语）里，就已单独列出"蜡石篇"，对岭南蜡石产地状况、选石要领、观赏方式分别作了精辟的介绍。

《广东新语》卷五《石语·蜡石》中的原文是："岭南产蜡石，从化、清远、永安、恩平诸溪涧多有之。予尝溯增江而上，直至龙门，一路水清沙白，乍浅乍深。所生蜡石，大小方圆，石多在水底，色大黄嫩者如琥珀，其玲珑穿穴者，小菖蒲喜结根其中。以其色黄属土，而肌体脂腻多生气，比英石瘦削崭岩多杀气者有间也。予尝得大小数枚为几席之玩，铭之曰：'一卷蒸栗，黄润多姿。老人所化，孺子其师。'"

清代雍正八年（1730），广东三水县人范瑞昂撰写了一部以广东风物为记述内容的《粤中见闻》，其中在卷九（地部六）里，就扼要介绍了岭南蜡石的产地和属性。

△ **节节高升图**

彩陶石　8厘米×13厘米　张洪军藏

△ **空灵金山**

彩陶石　28厘米×62厘米　张洪军藏

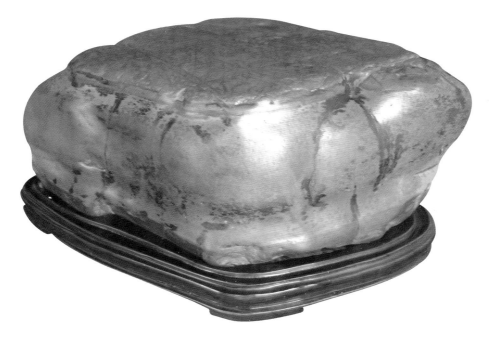

△ **金台承露**

彩陶石　31厘米×13厘米　张洪军藏

　　此石产自广西红水河，属彩陶石，它为黄色，质地坚硬，细腻润滑，整体为菱形，上部为平面，遍布指甲纹，水洗度好，形态端庄稳重。赏此石能使纷乱之心归于宁静，手摸石体，指沁甘露，感觉舒爽，吸纳石头的灵气，延年益寿。

　　清道光甲辰年间（1844），广东顺德人梁九图（福草）游衡湘归来，经广东清远飞来峡时，购得十二方上好黄蜡石，将其放置于佛山的居屋，命名为"十二石斋"。从此独钟黄蜡，爱石如兄，常为之赋诗作文，颇有文名。

　　梁九图还恭请当时著名的诗人张维屏为之撰写了《十二石斋记》，自己则专为如何观赏黄蜡石而写了《谈石》一文，鲜明地提出了他的赏石观点："凡藏石之家多喜太湖石、英德石，余则最喜蜡石。蜡辑逊太湖、英德之锯而盛以磁（瓷）盘，位诸琴案，觉风亭水榭为之改观"。

　　梁九图为赏玩蜡石的先行者之一，他在《灵石记》中对蜡石评价说："蜡石最贵者色，色重纯黄，否则无当也。"

　　他还写下了《自题十二石斋》一诗，抒发他酷爱蜡石的心态。如："衡岳归来兴未阑，壶中蓄石当烟鬟。登高腰脚输人健，不看真山看假山。"这种卧游天下，坐生清思的审美心态，一直是古代文人品石赏心的妙法。自此，此文便成了岭南嗜蜡石者必读必修的课程。

△ 携子回乡图

彩陶石　8厘米×12厘米　张洪军藏

△ 栈道

福建漳平九龙璧　18厘米×15厘米　蒋源藏

　　如今，佛山松桂里的"十二石斋"遗址，已成为过眼云烟。梁氏朝夕相对的十二位"石兄"，早已流散。据说现在佛山的一些公园里，仍有一两块是原斋中的旧石，其余的也许藏入寻常百姓家去了。

△ 蛇之初

福建漳平九龙璧　40厘米×40厘米　蒋源藏

　　在清代，随着岭南各地庭院式园林的崛起，对蜡石的需求量也与日俱增。大者铺设为"黄金之谷"，小者聊充作"几席之玩"。在"斋无石不雅"的影响下，历代到粤东揭阳当县太爷的，不少人都染上了石癖，以示风雅。如乾隆年间的张菱、刘业勤，同治初年的丁日昌、许万石，均建有名园，供奉蜡石和其他石玩，让游人赏玩。其中丁氏的洁园、百兰山馆、石鱼斋，许氏的百洲草堂和惠迪书庄等，更是脍炙人口。

　　到了民国时期，吴文献的榕石

△ 岚山天下第一巷

吸水石　58厘米×52厘米　谭世坤藏

△ 关公

福建漳平九龙壁　35厘米×30厘米　蒋源藏

园，特建有"拜石亭"，番禺人吴道镕还为之撰写过《榕石园记》，石刻于墙，让不少人拓而珍藏。民国期间，潮州一许姓商家收藏蜡石数量巨大，被称为许万石，成为黄蜡石史上的美谈。

此后，由于社会环境和时尚风气的变迁，黄蜡石的收藏日渐式微。

3 ｜ 黄蜡石是有性灵的

人们爱好黄蜡石，是因为黄蜡石是有性灵的，黄蜡石更能寄托人类的性灵，石的性灵和人的性灵两者对应融合起来，人的性灵寄托于石，人的性灵在石的性灵中得到了升华。古人讲观赏石是瘦、皱、漏、透，今人看观赏石是形、质、色、纹，但这并没有把所有的观赏石包容殆尽。天津祈年湾观赏石博物馆王长河说，观赏石中蕴涵有天、地、人于一体的大道理。

天人合一中人与自然和谐，是中华文化中一种很高的境界。不同时代的文人都有性灵寄托，他们先是寄情于山水，后是欢愉于田园，最后则把目光凝聚于观赏石。这就是文人墨客、达官商贾赏石、藏石及对石顶礼膜拜的缘由所在，是他们的性灵与观赏石的性灵精神和谐相通的所在。

"爱此一拳石，玲珑出自然。溯源应太古，潇洒做顽仙。"这首假托曹雪芹的清人诗作，很好地概括了观赏石所具有的性灵。

黄蜡石是自然的造化，在它的千姿百态的画面和造型中，既有奇峰突起，又有开阔放达；既有宁静致远，又有吐纳包容。它们是有性灵的，它们的性灵包容一切。

石不能言，但阅看无数千姿百态的黄蜡石时，收藏者和鉴赏者能聆听到老庄的清静自然之声、汉赋铺陈的黄钟大吕、魏晋的玄远幽言、二谢的山水田园鸣唱、王摩诘的清泉流水叮当、李白的飘逸雄奇狂语、杜甫的沉郁顿挫痛说、苏东坡高歌的大江东去、陆游低吟的小巷朝雨、辛弃疾的醉里挑灯看剑、李清照的凄凄惨惨戚戚……还有很多很多。人类的语言有穷尽，大自然所造化的观赏石形态则无穷尽。

清代赵尔丰说："石体坚贞，不以柔媚悦人。孤高介节，君子也，吾将以为师。石性宁静，不随波逐流，然叩之温润简单，良士也，吾乐与为友。"收藏黄蜡石，就是要理解黄蜡石的性灵，而赵尔丰的这段话，正是黄蜡石性灵的精髓。

△ **精诚所至**

福建漳平九龙璧　50厘米×30厘米　蒋源藏

△ 东方醒狮

福建漳平九龙璧　蒋源藏

 二
黄蜡石的特点

在诸多收藏品种中，观赏石收藏独具特色，而与其他观赏石比较起来，黄蜡石的特点更为鲜明。由于大自然不会造就相像的两块珍奇的黄蜡石，黄蜡石一经发现，便举世无双，有独特的收藏价值和审美价值。正是因为黄蜡石鲜明的特点，使得黄蜡石收藏更具奇异魅力。收藏黄蜡石，一定要了解黄蜡石的各种特点。

黄蜡石的特点主要表现在如下方面：

△ 猴

福建漳平黄蜡石　25厘米×8厘米　蒋源藏

△ 天路

福建漳平黄蜡石　20厘米×17厘米　蒋源藏

1 | 黄蜡石的形成特点

　　黄蜡石是蜡石中的一种。蜡石的形成过程是：石英岩矿物因地质变动，而使破碎的石英石滚入酸性的泥土中，因为受地质变动影响，长期受酸性物质的低温溶蚀，与酸性土壤混合，特别是附近有地热或火山等自然条件，其长期受酸性土壤和地热火山温度的双重催化，最终形成蜡石，使其表面产生蜡状釉彩。

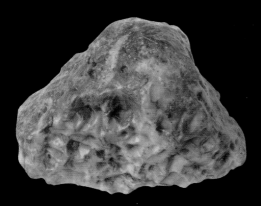

△ **首脑**

黄龙玉　　16厘米×12厘米　　王启元藏

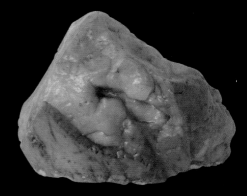

△ **众妙之门**

黄龙玉　　14厘米×10厘米　　王启元藏

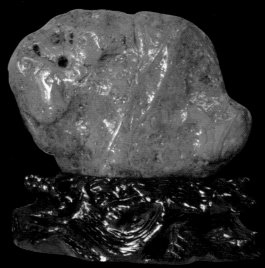

△ **双鱼戏水**

福建漳平黄蜡石　　53厘米×24厘米　　蒋源藏

其中一部分蜡石静眠山中，一部分则因山洪暴发，使其滚入山溪中，或由河流搬运到江河中，经千万年的江河溪水冲刷及沙砾摩擦，使其表面油光溜滑，并经水中各种矿物元素的长期渗蚀，使其产生多种色彩。

黄蜡石的形成机理：原系含多金属硫化物的石英脉体，经解离、破碎成为个体岩石。一经解离破碎后，再经河水长期冲刷滚动摩擦使岩石中的金属硫化物发生解离氧化，结果不仅使岩石遗留下很多形态不一的空洞外形，而且铁的氧化物停留在岩石表面，使原本洁白的石英罩上了一层深浅不一的黄褐色，泛出一层油光发亮的蜡黄色。

按地矿学的科学解释，蜡石成因可以解释为：蜡石是花岗岩的低温热液成因的石英脉。

2 | 黄蜡石的石质特点

唐朝文学家白居易的弟弟白行简在《望夫石赋》中说："最坚者石，最灵者人；何精诚之所感，忽变化而如神。"观赏石"忽变化而如神"，是诸多藏家的共同感悟。这变化而如神，在黄蜡石鉴赏中表现为贵在质、美在色、奇在形、珍在纹。

不同类型的黄蜡石，有不同的鉴赏特点，也有不同的鉴赏方法。从收藏价值的重要性来说，黄蜡石的鉴赏首先是石质鉴赏。

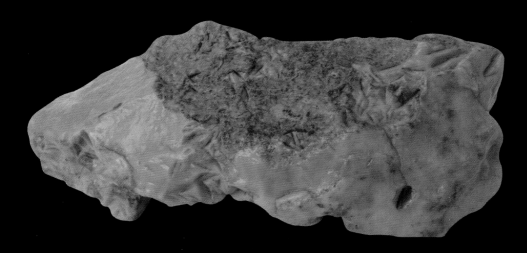

△ **一枕黄粱**

黄龙玉　22厘米×11厘米　王启元藏

黄蜡石的石质特点表现为质地普遍细嫩，杂质少且密度高，非常坚硬，比花岗岩还硬。所以，很多黄蜡石不亚于缅甸玉石，质地坚韧、坚硬，在受到外力猛烈冲击后，仍有岿然不动的坚硬性格。高质量的黄蜡石可以打雕成任何饰物。

黄蜡石是蜡石之一种，在岩石学上是一种石英石，主要成分为石英，属硅化安山岩或砂岩，油状蜡质的表层为低温熔物，内含铁、石英，因质地似玉，温润而坚，颜色带有黄色光泽，石表层及内部有蜡状质感、色感而得名。

△ **美味蛋糕**

黄龙玉　14厘米×12厘米　王启元藏

黄蜡石硬度大，摩氏硬度6.5～7.5，韧性也强，极富稳定性，虽然其表层为黄蜡油状，但其切面石心部分常为粉白或黄白、乳白色的石英微粒，其油蜡的质感源于石英，而其颜色则来自氧化的铁质。

质和色是决定藏品档次的主要因素，形和纹可提升其价值。一块好的黄蜡石，首先它的质感上要有玻璃似的"透"和像蜡一样的"润"，有这种特征的黄蜡石才是上品。

黄蜡石不同于其他观赏石的一个显著特点是，它是一种"玉"。在收藏者眼中，黄蜡石的石质玉化度越高，其藏品就越好，其中冻蜡的玉化度最好。

正是这些石质特点，创造了黄蜡石的意境，这就是它生而具有天然禀赋，它的诞生和顽强的性格，从而创造了诸如刚直不阿、坚强不屈、坚如磐石、坚不可摧的品质，涵盖了坚定、坚强、坚韧、坚毅、坚贞等深刻寓意，使藏家的情操得以陶冶和升华。正如美石家吴培所言，观赏蜡石"以质为本，以色为容，以形为貌，若三者俱全堪称佳品"。

△ **无题**

黄龙玉　26厘米×20厘米　王启元藏

3 ｜ 黄蜡石的色彩特点

　　蜡石按颜色可分黄蜡、红蜡、白蜡、黑蜡四大品类，但在众多藏家眼里，黄色为最爱。因为中华民族对色的概念是以"黄"为首，天玄地黄，黄乃土地之色，阴阳五行中"土居中"，故黄为中央正色。

　　黄蜡石的色追求色泽鲜艳。同样是大自然的产物，不同的观赏石有着不同的光泽和透明度。

　　黄蜡石是自然天生的，它之所以能成为名贵观赏石，除其具备湿、润、密、透、凝、腻六德外，其主"色相"是以黄色为基本色，这也是其名贵的重要因素。

　　黄蜡石之"黄"，非常难得，即使画家调都调不出来。色谱学证明，黄色与人最亲近，最具亲和力。在炎黄子孙的眼里，黄蜡石更易于被大众所接受。

　　黄蜡石之黄色细分为明黄、蜡黄、棕黄、嫩黄，其色泽稳定，经久不变，十分耐看。而当中的红色蜡石也让人感觉到热情奔放，白蜡冻则会给人一种冰清玉洁的感觉。

　　黄金是黄色的，这又是富贵的象征。黄蜡石金子般的黄色，被人们说成是富贵色，以前皇帝穿的龙袍是以黄色为主色调，这是权力的象征。

　　因此，在观赏石收藏界有一些学者认为，古代称田黄石为"石帝"，那么黄蜡石中最高品级的冻蜡就有理由被封为"石皇后"。

　　黄蜡石是古人吉利和富贵的象征。广东人尤其喜欢收藏黄蜡石就在于其黄色的富贵特性，同时在粤语里，黄与旺同音，国旺、家旺、人旺、事业旺、六畜兴旺，什么都要旺，是人人所期望的。因而黄蜡石更得广东人喜爱。

　　黄蜡石的色表现为七彩斑斓，囊括赤橙黄绿青蓝紫，玲珑璀璨、华彩飞扬，尤其以黄色特别丰富，有红黄、深黄、浅黄、白黄、奶黄等，用手电筒一照这些高质量的黄蜡石，只见光束由表及里，光亮柔和，犹如高级的奶黄灯饰一样，耀眼夺目。从色彩看，云南昆明有"七彩云南"，那么岭南观赏石也有"七彩广东"了。

　　从现代色彩学来看，黄色给

△ **睡梦**

黄龙玉　12厘米×10厘米　王启元藏

人的感觉最为宽广华丽和辉煌，故为大色。好的蜡石藏品的色彩以鲜艳者为佳，比如黄、红这样的颜色是不错的选择。人们在赏玩时，多以寓意吉祥的颜色为佳，如黄蜡石寓意财富、光明，红蜡石寓意吉利好运、鸿运当头。而色多者，缤纷多彩，则寓意荣华富贵。黄蜡石的颜色越鲜艳、越纯正、越稀为上品。

按色彩分，蜡石有黄蜡石（含锰成分）、褐蜡石、黑蜡石（含铁成分）、红蜡石（含氧化铁成分）、彩蜡石（含多种矿物成分）、白蜡石（未经矿物质渗蚀，只因长期受水的渗浸而产生蒙蒙的白膜）等五大类。

黄蜡石为收藏的常规品种，质、形、色、纹俱佳的为上品，彩蜡石为稀有蜡石品种，尤其好的彩冻蜡、彩胶蜡、彩晶蜡罕见。

黄蜡石的黄中透红或多色相透加上大自然变化而形成的形态差异，确定它千差万别的价值和品位差别。

4 ┃ 黄蜡石的造型特点

造型石也称为象形石，黄蜡石鉴赏对于造型石来说，比较简单容易，虽说人、文化、地位不同，但赏石的结果在根本上和意义上比较一致或相近，只是在叙述的文字上有所差异。

黄蜡石的造型特点追求的是形，即形象奇特。黄蜡观赏石经过长期的风吹雨打、山移地动，产生了千姿百态的奇特形状，似人、似物，常常能引起人们的不同联想。

黄蜡造型石具备"瘦、皱、漏、透、丑"等特点。"瘦"乃阳刚之谓，露骨裸筋不臃肿，刚硬苗条，气势棱角毕现；"皱"是指石体表现凹凸不平，纹路密布，迂回曲折，起伏松弛；"漏"是石身含洞眼，能通视线，上可乘天冰，下可接地气；"透"，多孔多洞，能走水通烟；"丑"，丑而雄，丑而透，丑能避免平淡无奇。一件观赏石作品能具备以上二字者，已是上等佳品，十全十美者举世难寻。

黄蜡石的形表现为奇形怪状，千

△ 透明

黄龙玉　15厘米×12厘米　王启元藏

姿百态，比比皆是，如以十二生肖取名的"玉兔呈祥""灵狗献瑞""一马平川""神鼠觅光"等活灵活现，逗人喜爱。还有一种是千孔百洞，皱、瘦、漏、丑集于一体，观赏性很强，另外还有山川河流、神禽怪兽，可见天公造物之鬼斧神工。

所谓形者，天然造型多属"藏巧于拙"，以抽象为贵，具象为珍。形态各异，自然天成，惟妙惟肖，能达到出神入化、熔铸群形之妙，使收藏者玩味无穷，心怡神赏，生意盎然。如黄蜡石收藏家姜晋森收藏的一块黄蜡石，重50千克，通体金黄透明，晶莹如玉，逗人喜爱。

对黄蜡石造型石的鉴赏，一要发掘形态美的内涵和外延；二要从稳定、均衡、力量、态势、巧妙、含蓄、抽象及构图、章法等方面去品评；三要抓住物象形态，兼顾总体和局部、重点和一般。

5 | 黄蜡石的纹理特点

一块黄蜡石注重纹理表现，藏家往往将其称为纹理石或图纹石。纹即纹饰漂亮，大自然的厚爱给石玩以美丽的纹饰，如同彩云飞舞、海水荡漾、晚霞映照。

黄蜡石的纹理特点，不同的人有不同的感受和评价，赏石的人不同，欣赏、观赏、品赏的结果不同；赏石人的文化素质不同，而欣赏、观赏、品赏的结果不同；赏石人的社会地位不同，而欣赏、观赏、品赏的结果也不同。

黄蜡石纹理鉴赏还取决于赏石时间的长与短，看石角度的侧与正，赏石人心情的好与坏，以及思想境界的高与低不同。

△ **一品黄山**

黄龙玉　28厘米×20厘米　王启元藏

△ **千古遗容**

黄龙玉　10厘米×8厘米　王启元藏

如一位藏家收藏的一块藏羚羊纹理石，从前面看像藏羚羊，从后面看是一块有颜色的石球，从正侧面滚动着看有几种图案。其一是《苍天有眼》：茫茫大海边，有一小女孩正在玩耍。突然，一条大鲨鱼，迎面扑来，掀起好大的波涛，正想吞食孩子，刹那间，天公雷电击中鲨鱼后背，无辜的小孩这才得救了。其二是《渔歌唱晚》：展现的是一段渔歌的旋律，一位头戴首饰极为漂亮的女子和身后的黑脸大汉坐在船上，柔美的箫声、悠扬的渔歌自远处飞来，表现了渔民悠然自得的形象。接着是稍快而有力的乐队合奏，气氛热烈，表达了渔人满载而归的喜悦之情。其三是《草船借箭》：诸葛亮用妙计向曹操"借箭"，挫败了周瑜的暗算，表现了诸葛亮有胆有识，才智过人。其四是《如来降悟空》：太上老君将悟空置入炼丹炉烧炼，四十九天后，悟空出来，推翻炼丹炉，大闹天宫。玉帝请来如来佛，孙悟空大显身手。一再翻筋斗云，也未能逃出如来佛掌。如来将五指化为大山，压住悟空。

△ 丑小鸭
黄龙玉　20厘米×12厘米　王启元藏

还有一块石头《猿人》，此石从整体鉴赏，像猿人，也有人说此石整体像草写"2"字式的海马。

还如一玉瓶图纹石，农民说它是一个瓶子形状的石头；有文化素养的人说，它是经过加工而成的玉瓶；了解文物了解玉器的人说，它是一件出土的文物，真正的玉石，一块玉器有翠绿、苍白、青色等几种不同的颜色，乃至上品。从上往下看，瓶口中心有一酒窝式的圆点，还有两个圆圈，从正面看是一个极为好看的玉瓶，也能看出它的苍老。

可见，纹理石的鉴赏真是"横看成岭侧成峰，远近高低各不同"。黄蜡石纹理石鉴赏要看是否石质坚硬、形态天然优美、色调丰富、纹理清晰、图像生动、意境深邃。

具体而言，对黄蜡石纹理石的鉴赏，一看纹理是否由质、形、纹、色等因素巧妙组合构成；二看是否具有具象、抽象、意象、幻象的画面；三看石中画面是否情景交融、形神兼备。

6 ｜ 黄蜡石的审美特点

蜡石的主要审美特征是石色纯正，石形奇特，色彩高雅华丽，石质润泽细腻，蜡质感强，显示出油脂或树脂光泽，上品为玉脂光泽，既浮于表又敛于内，细腻温润而且坚韧。

蜡石具有硬、韧、细、腻、温、润等诸多特性。它们没有令人生畏的野气，有的只是溢于表而纳于心的温和与灵气。蜡石把玩越久，温润之感越强，光彩和色泽也越迷人，如同盘玉一样。蜡石化石中的鸟、鱼、虫，观之有如图画，意境悠远，妙趣横生，形美且色佳。

从形态方面看，蜡石虽是以敦厚浑实者居多，却颇能给人稳重自然之感。有蜂巢形的，视之有峰峦叠起、悬崖峭壁，参差不齐却错落有致；也有呈珠状的，白则如千年珍珠般晶莹光滑，黄又似熟透枇杷般油亮浑圆。

蜡石是可爱的，美质美色，油腻润泽，金黄红艳，可观赏，可把玩，顶级蜡石质与玉同，价比玉高，但也难得，见之不易。

赏石讲究神韵，很重要，有神气，看了自然。上等的蜡石质地密实，表面光润度足，有瓷面。

△ **漩涡**

黄蜡石　29厘米×24厘米　王启元藏

7 | 黄蜡石的价值特点

黄蜡石具有多方面的价值，主要表现在以下几方面：

（1）观赏价值

藏家对于各类黄蜡石都有百看不厌的感受，人们看到它就会心情愉快。从欣赏的角度，黄蜡石的色泽、形状、神韵能给人以美的享受。

（2）科学价值

黄蜡石的化学性质稳定，不管是经过狂风暴雨冲击，还是经过化学腐蚀，也不会改变石玩的"天生丽质"，使人看到石玩就会想到对其科学性进行探讨，求得其中奥妙。

（3）收藏价值

因为石玩有以上两个方面的价值，所以也就有了收藏价值。无论国家还是个人，文人墨客还是平民百姓，都普遍收藏石玩，藏石、赏石已经成为一种时尚。

（4）经济价值

石玩有很好的经济价值，因为它奇、珍，人们说"黄金有价石无价"，不仅适用于宝石，也同样适用于石玩。

观赏石的经济价值是由稀少价值决定的。物以稀为贵，这是一般的市场法则。稀少价值是在相对比较中形成的，是指石源的丰富程度或稀少程度。石源藏量多则价格低，稀少则价高。

黄蜡石目前在国内交流已属寻常

△ **金猴**

福建漳平黄蜡石　20厘米×9厘米　蒋源藏

△ **完美**

福建漳平黄蜡石　14厘米×6厘米　蒋源藏

△ **金蟾**
福建漳平黄蜡石　20厘米×20厘米　蒋源藏

△ **蜡缘**
福建漳平黄蜡石　16厘米×10厘米　蒋源藏

事，进行国际间交流已是大趋势。你所拥有的是奇货可居还是俯拾皆是，就要在大范围内进行比较。前些年石市刚刚恢复，有一藏家得到一块黄蜡石，视如珍宝，不肯轻易示人，有意转让，出价又太高。随着交流及研究的开展，原来甘肃、内蒙古、广西等省区都有黄蜡石，而且质量好的有不少，那方黄蜡石顿时身价大跌。

这些年来，黄蜡石的保藏热点走势稳中有升，黄蜡石价格的组成因素较为复杂，目前石市上的黄蜡石价格五花八门，价格层次从五六十元到一两万元的较多，数万元到数十万元的都有，甚至上百万的也有，同一体量（指规模和重量）的黄蜡石，因石头的种类以及造型、意境等诸多不同，价格相差悬殊。

黄蜡石的价格一方面根据石市那时的行情上下波动；另一方面某一方观赏石的价格也因买卖双方个人的喜好程度而摆动，有时幅度较大，带有一定的随意性，很难定出参考价。

（5）投资价值

黄蜡石的最大魅力在于自然天成之美，但目前市场上自然之美与人工之美的身价还有一定差距。专家以嘉信国际拍卖公司前些年拍卖为例分析：田黄石雕件拍出6950万元，自然观赏石最高价为180万元；田黄雕件是清代中期作品，自然观赏石的形成至少要成千上万年；人工作品可以复制，自然观赏石绝无相同。

造成价格差别的主要原因是目前缺乏科学的观赏石价值评估标准和观赏石品质鉴定标准，也就是说市场还不够规范。

但这也预示着观赏石拥有巨大的投资价值和升值空间，有专家预测观赏石市场的成熟需要3年～5年甚至更长的时间，以后精品观赏石与顶级工艺品的价格有可能接近。

从经营的角度，黄蜡石价值难以具体衡量，具有广阔的升值空间，随着人们生活水平的提升，赏石文化自然会逐渐升温，这升温的过程意味着参与的人越来越多，也意味着投资价值的提升。

（6）文化价值

热衷黄蜡石收藏的人越来越多，这是因为黄蜡石收藏鉴赏已经成为一种文化。据史书记载，人类文化是从石文化开始的，黄蜡石赏石文化雅俗共赏，是最具群众性和世界性的艺术形式，在生活改善、经济条件充裕的今天，玩石成为追求文化韵味新的天地。

黄蜡石的价值造就了赏石文化，这是中国特有的传统文化之一，而广东的石文化底蕴较为深厚，在清末民初岭南涌现出了大量玩藏观赏石的行家。

黄蜡石的文化价值体现在多方面，除了丰富的历史文化和人文含量，还有人在收藏过程中把天然观赏石与人赋妙意结合得浑然一体，如给每一件石头起一个名字，或题上一首相衬的诗词，都是黄蜡石文化价值的体现和提升。

△ **龙行天下**

福建漳平黄蜡石　26厘米×19厘米　蒋源藏

三
黄蜡石的种类

随着人们回归大自然的渴望和审美兴趣的扩大，观赏石已成为人们喜爱的观赏品、艺术品和收藏品，而观赏石中的黄蜡石又以其石质坚硬、色泽饱满、雄厚沉着、质地温润如玉的特色深受广大观赏石爱好者的偏爱。收藏黄蜡石，需要有黄蜡石的知识，而黄蜡石的种类知识，是专题收藏最重要的知识之一。

黄蜡石有多种分类标准，可以按石种分，按石质分，按颜色分，按产地分，也可以按结构分，等等。总之，观赏石种类繁多，黄蜡石作为观赏石的一种，其种类众多，按不同类别分，如下：

1 | 观赏石的分类

研究黄蜡石的种类，可以先从观赏石的分类开始。观赏石一般分为四大类。

（1）矿物晶体类

此类玩石遍及全国各地，主要是指质地优良、色泽艳丽、透明度好，有欣赏价值而不需加工修饰的矿物晶体或晶簇，如磁铁矿、辉锑矿、冰洲石、绿柱石等。

△ 腊肉
福建漳平黄蜡石　11厘米×8厘米　蒋源藏

由于这些矿物晶体类玩石储量少，且不易获得，深受人们的喜爱，有的售价很高，可称无价之宝。

（2）纹理岩石类

这类石玩品种都有十分美丽的纹理，有些还显现出漂亮逼真的图案。这些纹理主要是在岩石形成时原生的，或者因为长期受矿液浸染后形成的，也有些岩石

△ 玉立

福建漳平黄蜡石　22厘米×10厘米　蒋源藏

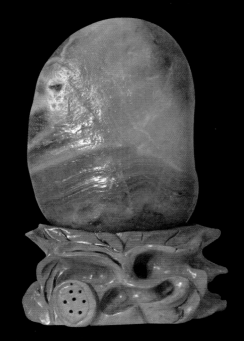

△ 河流

福建漳平黄蜡石　13厘米×5厘米　蒋源藏

后期受到风化作用而形成的各种纹饰。著名的南京雨花石就是经风化形成各花纹。

有些岩石的花纹必须经过加工后才能显现出本色，这些图案有人物、动物、植物和山水风景等，这类岩石有彩霞石、梅花玉、冰花石、大理石等。柳州地区象州县一带发现的"草花石"也属于这一类。

（3）造型岩石类

这一类玩石主要是在风化、溶蚀作用下形成的，较著名的有广西桂林的钟乳石，江苏太湖湖畔的太湖石。这类石玩常常能反映出地质现象，又具有很高的欣赏价值。

柳州地区的三江彩卵石、合山彩陶石、来宾水冲石及柳州市的墨石也都是这一类玩石中的精品，并有一定的代表性。

（4）生物化石类

在地质历史的长河中，生物死后形成了化石，这类化石分布很广，各省市都有所见。其形态美观，图案完整，如三叶虫、鱼类、恐龙蛋、昆虫、鸟类、轮木等都属于这类石玩。在我国河南发现的恐龙蛋化石，贵州发现的"贵州龙"化石，就具有很高的欣赏、收藏、经济、历史、科学价值。

2 ｜ 黄蜡石的产地分类

按黄蜡石产地分，也有大小之别。从大类分，可以按省分类；从小类分，各省又有很多地区；从更微观的角度分，各地区乃至各县，又有很多产地，这些产地可以是河流的流域，可以是一个村，甚至可以是一个1千米长的小小地段。

如产自三江流域的黄蜡石，质地坚硬，硬度一般在摩氏6.5～7，密度在2.6克/立方厘米左右，石表面光滑油润，有玉的光泽。

本书有大量内容描述不同产地黄蜡石的类别和收藏，这里不再重复。

3 ｜ 黄蜡石的颜色分类

按颜色分，黄蜡石有蜡黄色、黄红色、黄白色、黄褐色、彩色的等。

4 ｜ 黄蜡石的矿物分类

按矿物分类，黄蜡石的主要矿物质成分为二氧化硅，因产地不同及其他矿物质含量不同，就会表现出不同的颜色有黄蜡石、褐蜡石、黑蜡石、红蜡石、彩蜡石、白蜡石等。

5 ｜ 黄蜡石的质地分类

按质地分，可分为冻蜡、胶蜡、晶蜡、细蜡、细蜡冻、碧玉蜡等。

（1）冻蜡

冻蜡石表光滑如玉，透明或半透明，常可看见表皮隐晶质纹理，也就是大家常说的"指甲纹"。最好的冻蜡，嫩如琥珀，不用手电等外来光源也能在日照下显现通体晶莹透亮，通俗的描述就像是南方夏天经常可以吃到的小吃——水晶糕一样，冻蜡是现在众多收藏者最喜爱的品种，在市场上也是相当地抢手。

用冻蜡做工艺挂件，晶莹剔透并显得珠光宝气，清秀可爱，让人爱不释手。

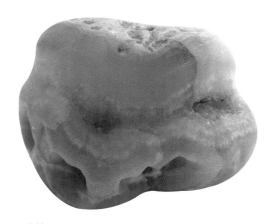

△ 冰糖

福建漳平黄蜡石　9厘米×6厘米　蒋源藏

有经验的收藏者认为，冻蜡是蜡石中品位最高的，因此，各地观赏石玩友有动辄就将手中蜡石以冻蜡称之的现象。

冻蜡有两个特质：一是具隐晶或微晶质地，二是有很好的透光性。

冻蜡一般具有玻璃状或蜡状光泽，石体透明，上等冻蜡可透至石心，其透光好、品质高的冻蜡，较易用肉眼判断它的纯净程度及所含的不良杂质。有些冻蜡的上述光泽要打磨抛光后才体现得出来。

冻蜡大多形态不大，通常可做雕料，好的黄冻蜡可与田黄媲美。

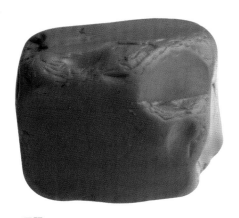

△ 无题

福建漳平黄蜡石　8厘米×5厘米　蒋源藏

（2）胶蜡

胶蜡如胶水一样，微透明。

胶蜡类黄蜡石石质坚硬，硬度与冻蜡大致相同，但其透明度大大低于冻蜡，大多呈半透明或微透明状。

胶蜡颜色有黄色、白色、黄白色、青白色，也有暗红色等。胶蜡整体颜色相当地一致，因此很少存在棉点现象，特别是白色胶蜡冻很像羊脂白玉。

胶蜡的最大特点是透明度较低，与冻蜡相比，胶蜡透光度较弱，一般以手电贴近照射可见数毫米光晕散开，但蜡质感往往更强，呈典型的蜡状光泽。

胶蜡质地就像是煮熟的鸡蛋白一样，光滑平整无裂纹。选用此类材质雕刻的艺术品温润细腻，文气典雅，但数量极少。

有部分胶蜡是由一种叫光玉髓的矿物经酸性土壤渗染而成，其表面蜡黄，而内里却呈红棕色或红黄相间色，可能因矿物渗染或氧化转色而呈多色，半透明或不透明。

△ 笑口常开

福建漳平黄蜡石　13厘米×12厘米　蒋源藏

（3）晶蜡

晶蜡可分为细晶蜡和粗晶蜡。粗晶蜡石质结构疏松粗糙，形状大多不规则，因其数量较大，时间长了颜色容易变暗，观赏价值一般，如遇神形兼备优秀的粗晶蜡也可收藏。

晶蜡的晶体较粗，一般带有角锥状晶簇的蜡石称为晶蜡，也有把那些肉眼可看见结晶颗粒，结构不是那么均匀致密的蜡石（有些地方称为"石英蜡"）称为"晶蜡"或"结晶蜡"。

晶蜡石肉有明显的葡萄状、竹叶状、指甲状等晶体，可分粗晶、细晶，表面在光照下有闪烁的金属光泽。

细晶蜡石表面黄亮，大多呈油泡状、玉米状、网格状等，如石块完整无破损、规格大的也极具观赏价值，在市场上常受到不少玩石者的青睐。

（4）细蜡

细蜡虽不透光，但石肤手感仍然温润。细蜡石的硬度较之冻蜡石低，细蜡表面一般常有石皮石壳现象，透明度低于冻蜡，石表一般微透或不透明，有的到了石心才有透明状出现。

人们可以利用其石皮和石心颜色的不同巧妙地加以利用，雕刻出精美而别具一格的作品，极具观赏价值。

（5）细蜡冻

细蜡冻石质温润细腻，色彩丰富亮丽，是黄蜡石中的佼佼者。凡是玩石者都会因拥有几块质地优良、颜色纯正的细蜡冻而感到自豪。

细蜡冻颜色有橙黄、红黄、淡黄、青黄、鸡油黄，有的黄中泛红晕、红中泛黄晕，更有青皮裹绿心、青皮裹红心、褐皮裹黑心等。

△ 红山文化

福建漳平黄蜡石　　20厘米×16厘米　　蒋源藏

△ 富士山

福建漳平黄蜡石　　16厘米×9厘米　　蒋源藏

细蜡冻的硬度一般在摩氏5~6，由于硬度较低，易于加工，最主要的是颜色绚丽多彩，加之油性好，水头足，糯感强，看上去就像烧熟的腌制过的肥肉一样，油而不腻，细嫩可爱。

用此类材质加工成的雕件可以和田黄媲美，从大量已经出水的三江细蜡冻卵石中看，要数兰溪兰江流域中的蜡冻与细蜡冻质地最好，水头光洁度均达到或超过两广和其他地区的黄蜡石。此类黄蜡石因认同的人和收藏的人越来越多，价格也是一路飙升。

由于细蜡冻颜色比较丰富，种类较多，下面对各主要品种着重描述和细分。

按表皮可分为粗皮细蜡冻、细皮细蜡冻、无皮细蜡冻、彩皮细蜡冻和绿皮细蜡冻等。

△ **丰硕之果**

扶夷江黄蜡石　7厘米×10厘米　邓家勤藏

粗皮细蜡冻表皮看上去比较粗糙，好像有一层黄泥粉末，除去石表粉末氧化层面，石肌内部光亮细嫩，温润宜人。

细皮细蜡冻石质温润细腻，光滑度极高。

无皮细蜡冻顾名思义就是没有石表皮，一目了然直接看到石肌内部，通俗易懂地说就是水冲度好，石皮都被水冲磨光了。

△ **沧桑**

福建漳平红黄蜡　22厘米×13厘米　蒋源藏

彩皮细蜡冻就是石皮颜色的红、黄、白等彩色不规则纹理斑块互相交替，此类彩冻的特点就是颜色明亮，异常艳丽好看，有的像彩虹，有的像西藏的唐卡画。

绿皮细蜡冻较为稀少，收藏者可特别关注。该石皮表面颜色为葱绿色或者青绿色，有的石肌为肉红色，有的为淡绿色，十分罕见。

除了以上几种细蜡外，还有牛肋细

蜡、隐晶质纹理细蜡冻，就像田黄石中的萝卜纹，重要的是肋质纹理熟透了，同样是较好的细蜡冻石。

有人分不清冻蜡、胶蜡和细蜡、细蜡冻。

简言之，那就是黄蜡冻和胶蜡冻有"指甲纹"，细蜡和细蜡冻没有指甲纹，少数的细蜡冻有沁色现象。

指甲纹并不是撞击出来的，而是冻蜡石质结构内部隐晶质固有特征的表现。

（6）碧玉蜡

碧玉蜡一般可视为胶蜡类。该石种的一个最大特征就是石表皮常有一层灰白色石皮，好像被涂了一层氧化粉一样，无光泽。但石头内部大多数为淡白绿色、灰绿色、青绿色等。其颜色大多为绿色系列，故习惯称其为碧玉石。

碧玉蜡透明度一般微透或暗透，如果透明度高，色彩好，也可收藏当作雕刻材料加工。

（7）粗蜡

粗蜡是相对细蜡而言，颗粒较粗，石质也较为普通。粗蜡大多形体硕大，10吨以上也常常有挖掘，所以多为园林用石，尤其以英德蜡石为代表。

△ **古战场**

福建漳平黄蜡石　27厘米×13厘米　蒋源藏

四
黄蜡石的真假鉴别

1 | 黄蜡石与黄翡的鉴别

　　黄蜡石的色彩、质地和硬度特征与天然翡翠中的黄色翡翠（黄翡）有着惊人的相似，以至当黄蜡石刚刚进入市场时，很多消费者和珠宝商将其误当作黄翡，一些粗心的检测部门甚至也出现将黄蜡石鉴定为黄翡的错误。

　　黄蜡石与黄翡石质特点类似，这就要从二者的鉴别方法中找到差异，主要可以根据矿物的颗粒度、密度、折光率、抛光面纹理和在高倍放大镜下褐铁矿分布特征等方面的明显差异来区分。

　　（1）眼看颗粒度和抛光面纹理

　　优质黄蜡石的成分为蛋白石或者玉髓，矿物颗粒度一般小于0.01毫米，肉眼一般看不到颗粒；而黄翡的成分为钠铝辉石，矿物颗粒度一般大于0.01毫米，肉眼一般可以看到结晶颗粒以及颗粒解理面所显示的旋光性（翠性，或称翡性）。也就是说，高品质的黄蜡石因为颗粒非常细，肉眼看不见组成颗粒，所以抛光

△ **五花肉**

福建漳平黄蜡石　　22厘米×5厘米　　蒋源藏

面上的旋光性特征没有翠性（或称翡性），没有微波纹；而黄翡则有翠性（或称翡性），有微波纹。

（2）手掂重量

黄蜡石和黄翡的密度有差异，前者的密度为2.60克/立方厘米，后者的密度则为3.33，这就导致手掂同样大小的物件，黄蜡石明显轻于黄翡。

（3）测折光率

黄蜡石的折光率为1.54，而黄翡的折光率为1.66。这点差异让黄蜡石的折光率、光泽等旋光性特征明显弱于黄翡。

△ **红烧肉**
扶夷江黄蜡石 13厘米×7厘米 邓家勤藏

（4）高倍放大镜下观察褐铁矿分布特征

黄蜡石的黄褐色胶体状褐铁矿均匀分散在非晶质的蛋白石或者隐晶质的玉髓内，不显示网状分布的特点；而黄翡的黄褐色胶体状褐铁矿填充在细粒的钠铝辉石的晶体间隙内，显示网状分布的特点。

2 ┃ 黄蜡石真伪的鉴别

黄蜡石市场也出现了假黄蜡石，收藏者要培养鉴别黄蜡石真伪和粗细的慧眼。

有人听说黄蜡石收藏效益高，到收藏市场见到黄蜡石就买，这是不可取的，因为并非所有黄蜡石都有投资价值。

如水石和粗蜡就没有投资价值。水石也有一层不均匀的蜡油状石皮，不透光，手感尚好，质地、硬度、光泽不如前面的品种，但石形好，能形成神似自然界的大部分物体。

由于蜡石长年采挖，存量已不多，近年来有人用这种水石来替代室外观赏用（园林等）的蜡石，在广东很多公路两旁都立有大大小小这样的石头待售。水石的主要成分和蜡石有别，有待专家鉴定，收藏者肉眼可分辨出没有蜡石的蜡油状石皮，切面石心部分很少有粉白或黄白、乳白色的石英微粒，这种石的收藏及使用价值与蜡石相差甚远，作替代品无可非议，但有的商家直接就当蜡石出售，小心上当。

　　有的商家将普通粗蜡包装成细蜡，用细蜡的标价出售，收藏者需要有一双慧眼才能识别。

　　如何识别粗蜡呢？建议用小手电验石，或请有经验的行家指导，因为行家肉眼就可看出粗蜡和水石，一般不会上当。一块好的蜡石用小手电贴近照时，周边有部分或全部会出现至少1毫米以上与手电光不同的光晕。光晕越大，石质越好，包括部分密度偏低但光透很好的白蜡，石质透光无法造假，白天室外照石要用小纸箱等盖住要照的地方才能看到光晕。

　　现在，圈内流行请行家"掌眼"，所谓"掌眼"就是请专家看货把关、鉴别真假。虽然专家"掌眼"是必不可少的，但是，专家也有真有假，完全依靠别人做出判断，显然是不可取的。

△ **富贵鸟**

扶夷江黄蜡石　30厘米×24厘米　邓家勤藏

五
黄蜡石的投资技巧

　　黄蜡石市场是近二十年才兴起的一个新的艺术品投资领域，特别是在沿海经济繁盛区、旅游区，黄蜡石的交易特别活跃。目前，以黄蜡石的产地为基础，全国各地都创办了观赏石收藏市场，而黄蜡石则是南方观赏石收藏市场中的必备品种。

　　近二十年来，我国的黄蜡石收藏市场一度在为数有限的人群中不愠不火地进行，其中也有小小的高潮，但与其他收藏品种爆发上涨相比，黄蜡石在小高潮之后，仍显得在不温不火中徘徊。其实，这就是收藏市场的投资机会。

1 ｜ 黄蜡石投资市场分析

　　随着人们生活水平的提高，当属于低级需求的温饱问题满足后，人们的目光必将向更高的精神生活层面转移。而精神层面中的亮点之一的艺术品投资，必将吸引众多人的眼球。

△ 皇冠

扶夷江黄蜡石　26厘米×27厘米　邓家勤藏

△ 童趣

扶夷江黄蜡石　17厘米×10厘米　李崇政藏

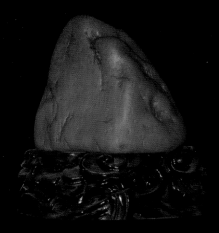

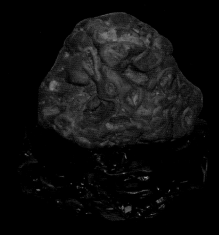

△ **金山**

扶夷江黄蜡石　13厘米×16厘米　李崇政藏

△ **锦上添花**

扶夷江黄蜡石　18厘米×15厘米　李崇政藏

△ **隆中对**

云南黄龙玉　20厘米×13厘米　朱旭佳藏

统计资料表明：当国民人均收入超过1500美元时，当地的艺术品市场必然启动。与股票、书画、陶瓷、房地产等投资一样，黄蜡石投资作为一个新型投资方向，其资源稀少、不可再生、天公造就不易作伪、门槛不高、风险较低等优势，必将使参与的人群越来越多，黄蜡石市场必将逐步升温、渐入佳境。

从目前国内石展会、石交会收集的信息来看，观看黄蜡石的人多，购买的人少的状况并未改观。人们为何在黄蜡石市场徘徊观望呢？问题的关键是人们没有正确把握黄蜡石的投资方向，对黄蜡石有充分认识和了解的人群还不多，特别是对黄蜡石投资价值的认知尚不多。

由于黄蜡石兴起的时间短，入市门槛低，还没有形成切实可行的价值鉴评标准和价格认定体系，从而导致黄蜡石市场精品劣品混杂、良莠不分，价格混乱、忽高忽低，制约着黄蜡石市场的健康发展和人们对黄蜡石市场的投资信心。

2 | 黄蜡石的价值判断

迄今为止，如何判断一块黄蜡石的价值，尚无一个权威性标准，在观赏石交易中出价还价都讲"心水价"。

当前，人们对黄蜡石价值的评定，一般以形、质、色、纹、名、座，即观赏石的形态、质地、色彩、纹理、名称、石座等几个方面综合评价。

从形态上看，黄蜡石藏石有供石和手玩石之分，供石多指石体较大，需配上基座供而赏之，手玩石又名雅石，多指石体较小，别致有趣，便于携带，可在掌中随意把玩。从市场价值看，供石的市场价格较高，而手玩石的价格相对较低，但也不是绝对，主要还是要以黄蜡石的品质来定价格。

观赏石的底座也是定价的关键，许多观赏石要靠有特色的底座来衬托出石头的神韵。配座正如人穿衣服一样，是十分讲究的，它的形态、色调必须跟作品主题协调统一，这样才会相得益彰，最好用天然树根配座。有的底座质地和手工比石头还贵，正所谓"牛索贵过牛"。

△ **江山多娇**

扶夷江黄蜡石　　24厘米×19厘米　　李崇政藏

　　一件好的作品，若能冠以恰当称谓，让主题得以升华，其价值将随之倍增。命名既要通俗易懂，又要不显俗气，更忌牵强附会，这就要求藏石者必须具有较高的审美能力和文化修养。

　　黄蜡石的心水价一般被认为是建立在对石头文化的鉴赏水平上的，在黄蜡石产地，一些采石工捞上了质量优良的石头，但由于对石头的鉴赏能力有限，被客商以较低的价格买走，经过加工并赋予一定的赏石内容后，在市场上以高出数倍的价格转手获取高额利润。

　　所以，黄蜡石的价值判断需要有发现的眼光。收藏圈流传着这样一个故事：二十多年前，石头玩家吴老伯不惜花费2000元买下了一块观赏石。二十年来，这块观赏石一直被吴老伯"养在深闺"。一次偶然的机会，吴老伯发现，随着摆放的正反、倒顺和看的角度不同，观赏石竟然能变出二十多种人的表情脸谱。

　　这块"变脸"观赏石形成于冰河时代，是1986年在柳州买的。20世纪80年代中期，一直爱好石头的吴老伯做起了石头生意，全国各地采购观赏石。1986年，在柳州的石头交易市场，吴老伯一眼就被一块500克～1000克、不规则的椭圆形鹅卵石所吸引，毫不犹豫地花2000元将这块石头买了回来。

△ 引吭高歌

湖南江华红花蜡石　郑万生藏

△ 海螺

湖南江华红花蜡石　郑万生藏

　　2000元在当时来说算得上是一笔"巨款"，然而在吴老伯看来，却花得非常值。他说："石头与人也是讲缘分的，如果喜欢，在你眼里花多少钱都是值得的。"这块石头买下来之后，吴老伯一直舍不得卖，一留就留了二十多年。

　　吴老伯经常轻轻抚摸着石头上面天然形成的深深的凹孔和纹路。石头因为多年的抚摸，凸出的地方已经变得非常光滑，泛着光。

　　这块石头有凹下去的眼睛，上面似乎还有眉毛，像佛像里低垂的眉。石头上的凹洞和纹路刚好构成了一位慈眉低垂的老者的模样，而

△ 红珊瑚
湖南江华红花蜡石　33厘米×28厘米　郑万生藏

随着石头摆放方向的不同，老者的表情也在变换着，或喜或怒或哀。将石头翻转过来，则可以看到孙悟空的头像，孙悟空正歪着头，头上还戴有金箍，这些形象和表情都栩栩如生。

　　随着这些形象的发现，这块观赏石的价值也倍增，这就是发现赋予价值。

　　还有一位藏家收藏有一方黄蜡石，是三江的朋友所赠，成为他的至爱之物，这是一块奇特的黄蜡石，从不同的角度欣赏，可以看出不同的乐趣。从正面看，仿佛是位凯旋的大肚将军，气势威武，振奋人心；从侧面看，仿佛是位如仙女般美丽且身材苗条的少女，美不胜收，让人赏心悦目；从背面看，如一位幽默搞笑的胖子，摆出一副惹人忍俊不禁的姿势，总能逗得人开怀大笑。不管从哪个面欣赏，都能给人带来愉悦的心情，让人感受到赏石的乐趣。

　　一位收藏界的朋友，曾不止一次说过，什么古董他都喜欢，唯独不喜欢收藏观赏石，说就是石头一块，沉沉的感觉，没啥好玩的。可那位朋友自从见了他桌上那方黄蜡石后，居然啧啧称奇："好石！好石！想不到一块天然的石头看起来还有栩栩如生的感觉。"从此那位朋友居然也爱上了玩赏黄蜡石。

　　黄蜡石价值标准的建立，相对其他艺术品是一个缓慢的市场化过程，它需要在市场的拍卖中不断累积，然后可以形成一定评定的参考标准，最后在全国甚至世界都得到承认。

黄蜡石收藏界人士认为，随着市场的不断发展，黄蜡石将会慢慢确立一个相对标准。但黄蜡石价值的标准只能是一个模糊的标准，不可能有完全量化的标准。

3 | 黄蜡石的投资技巧

对资本来说，正确的决策是投资成功的关键，只有把握正确的投资方向，才能保证资本价值的最大化。那么，如何把握黄蜡石市场的投资方向？哪些黄蜡石是投资首选？如何进行黄蜡石投资？应树立什么样的理念呢？应注意以下几个方面：

（1）投资黄蜡石精品是首选

投资黄蜡石应选择精品，避免黄而不黄，光而不光，粗糙无油之蜡石。而应在色黄、油多、质润、形"透""漏""瘦"等特征上下工夫收集。若同时在石面上凹凸部分构成各类浮雕式的图形，那就是黄蜡石中的上品，其经济价值自然不菲。

从近年中央电视台"艺术品投资"节目和国内外艺术品拍卖会获得的信息，我们不难看出，凡是流芳百代拍出高价的艺术品，都是美到极致的作品。

在黄蜡石收藏市场中，由于人们文化艺术修养各不相同，审美观念有很大差异，因此收藏市场的黄蜡石价值也有天壤之别。与传统的灵璧石、太湖石、黄河石、雨花石等观赏石种比较，应该说黄蜡石精品的数量还是有限的，多数藏品只能是普遍级。

△ 飞黄红运

湖南江华红花蜡石　郑万生藏

△ 五彩斑斓

湖南江华红花蜡石　郑万生藏

一方精品黄蜡石的价值往往是一方普通级黄蜡石价值的几十倍，甚至上百倍、上千倍，所以，对投资者来说，首先应该树立的是精品意识。尽量购进黄蜡石精品，少买或不买价值不大的普通品。有的黄蜡石精品尽管当时价格偏高，但也要认准审美价值高、升值空间大，也要抓住时机，不惜重金购进，否则机不可失，时不再来，失之交臂将后悔莫及。

△ **丰腴的真相**
玛瑙石　18厘米×14厘米　王启元藏

许多止步于石市者，往往并非资金不足，而是缺乏独特的眼力和投资黄蜡石的魄力。要明白真正由大自然造化的黄蜡石精品，是世界上独一无二的孤品，经得起时间的考验，具有不可复制性，绝对不用担心赝品的出现，与投资书画、古瓷、股票相比风险甚小，甚至几乎没有风险。

（2）抓住机遇投资黄蜡石新品种

随着黄蜡石热的逐步兴起，传统的黄蜡石产地品种资源逐渐减少或枯竭。物以稀为贵，因而传统产地的黄蜡石的价位也不断提升，使投资此类传统黄蜡石的收益率降低。因而人们开始将眼光投向对新产地的黄蜡石的开发与探索上，近年来不断有一些新的黄蜡石被发现并投入市场。

一般来讲，一个新的石种上市，由于尚未被多数人认知，因而其市场价位偏低，加上石资源的不可再生性，因此日后必有较大的升值空间。若能慧眼独具，对新面市石种大胆投资，必会有丰厚回报。

如登封发现的国画石品种，画面大气，画风清丽，线条洗练，如今实行资源保护开发受限，这个品种将极具升值空间，而开发初期，偃师的张先锋、新安的龚德义、洛阳的赵养军等有识之士大胆投资，就是成功的例证。

当然，投资前对黄蜡石价值评判标准的准确把握，对黄蜡石市场的预见成竹在胸，应该是投资成功的关键。

（3）保持一颗平常心进行投资

黄蜡石投资与书画、古董投资一样，它不同于见利较快的股票、期货和房地产投资，因此涉足观赏石市场必须要学会等待，耐得住寂寞。

尽管目前中国黄蜡石市场上也有一些藏品被一些庄家相中，进行非理性资本运作，炒出诱人的天价，但作为一般投资者，一定要理性对待，摒弃一夜暴富、

一石暴富的心理，按照审美价值规律和经济运行规律做出理性的选择，尽可能趁现在市场启动不久，即将回升时介入，然后在相当长的时间内持有或长期收藏。

对精品和极具增值空间的黄蜡石新品种要有"十年树木"的心理准备，要树立充分的信心，保持相当的耐心，这样才能使投资取得真正的成功。

（4）积累专业知识

黄蜡石收藏投资是以石会友、增进知识、修身养性的一条好途径。玩石一戒眼界不高，二戒买石上瘾，三戒贪图便宜。要提高眼界首先得多多学习，增强交流，拓宽眼界。胸有好石，才能辨出高下，形成自己的精品眼力见识。

做黄蜡石投资，最忌讳的就是无知甄选和投机，无知甄选会导致盲目，投机会带来急躁。以为有钱就可以搞观赏石投资那就错了，如果单纯为了投资，投资者不仅要有资本积累，还必须有一定的鉴赏石专业知识的积累。因此，在观赏石投资中，专业知识的积累是甄选黄蜡石的必备条件。

黄蜡石投资愿望要与收藏赏玩兴趣相结合。越是大玩家，越要结合自己的乐趣去投资。在有乐趣投资的同时，更要具备鉴赏黄蜡石的知识，否则吃亏上当在所难免。

黄蜡石学问甚广，它集审美学、自然艺术学、矿藏结构学、宝玉石学、山水盆景学、工艺美术学、绘画、摄影、诗歌、哲理、人文景观等知识为一体。这就不可能将每个学问都学习并且精通，但是最基本的鉴赏知识和领悟黄蜡石意境得有，否则，就无法甄选出黄蜡石精品，这样就会丧失投资乐趣。

所以，即使是为了增值而投资，必要的赏石知识储备也是不可缺少的。况且，黄蜡石投资的乐趣还在于陶冶性情，提高文化品位，如果单纯为了逐利，那就太过于浅薄，失去了收藏的本意。

（5）弄清楚自己是收藏还是投资

首先，投资黄蜡石和收藏黄蜡石有着本质的不同，真正喜欢和收藏黄蜡石的文化人，更注重的是自己的偏好。而投资是为了牟利，资本的属性就是要鸡生蛋蛋生鸡，生得越快越好，越多越好。

其次，应当克服占有欲望，不能见石就想要，藏品中一定要有精品作为"国家栋梁"。对造假的石头要坚决予以决绝，决不姑息容忍。

再次，不能贪便宜。假如只要稍贵一点就放弃，往往买到好东西的机会不会多，常言道"便宜没好货"。最关键的是，玩石要有随缘心态。要"得之随缘，心无增减"，对的确得不到的石头也要想得开，否则会伤人伤己，于事无补。

△ 金罗汉

玛瑙石　16厘米×12厘米　王启元藏

玩石也好，藏石也好，都要有显著目标。特别是刚涉此道的爱好者，要根据自己的经济实力、乐趣特点和所在地的区位上风，确定一个主要的、成体系的保藏的目标，如石种系列、象形系列、图案系列、文字系列、景观系列等。也可采取一个文明内在作为单独的系列，如水浒一百零八将、李白诗句等。经营和藏石都一样，有数量不等于有重量，对于有实力的藏家来说，当然既要有重量，又要有数量。但往往有数量的大都是普通货，普通货一车不如精品一颗。普通货卖得太艰苦，精品别人求您卖。对于一样平常的爱石者来说，能有三五颗精品，此生足矣！

4 ┃ 黄蜡石的投资要点

收藏投资黄蜡石，若想有较好的收益率，除了考虑个人爱好及其他条件外，还应注意以下几个因素：

（1）石质最重要

投资黄蜡石，石质是首先需要考虑的因素，黄蜡石质地的致密度、细腻程度、透光性及反射光线的柔和程度都是考虑其品级的重要指标。

△ **落笔生辉**

云南黄龙玉 42厘米×30厘米 朱旭佳藏

投资黄蜡石，其石质要选择润泽细腻，蜡质感强，显示出油脂或树脂光泽的石品。结构致密、质地细腻、透光性好的黄蜡石，对光线的折射柔和，给人温润而亲切的黄蜡石绝对是佳品。其上品为玉脂光泽，既浮于表又敛于内，细腻温润而且坚韧。

"质"具体说是透和润，就是要有玻璃似的"透"和像蜡一样的"润"，有这种特征的黄蜡石就是佳品。

黄蜡石一个不同于其他观赏石的显著特点就是——黄蜡石是一种"玉"，对于收藏黄蜡石来说，当然石质玉化度越高的藏品越好。在黄蜡石众多品种中，要数冻蜡的玉化度最好。

（2）纯正黄色是投资首选

谈到黄蜡石，顾名思义，不得不提到它的色泽乃以"黄"为贵。正如梁九图《谈石》中所说，"蜡石最贵者色，色重纯黄，否则无当也"。

黄蜡石色彩加上大自然变化而形成的形态差异，确定它千差万别的价值和品位差别。黄蜡石的最高品位是质冻色黄，黄中透红或多色相，显得高雅华丽。而色多者，缤纷多彩，则寓意荣华富贵。

黄蜡石藏品的色彩以鲜艳者为佳，比如黄红这样的颜色就是不错的选择。人们在赏玩时，多以寓言吉祥的颜色为佳，如黄蜡寓意财富、光明，红蜡寓意吉利好运、鸿运当头。

黄蜡石的颜色越鲜艳、越纯正、越稀有者为上品。

（3）象形石首选吉祥寓意

黄蜡石的形状奇特多样，有的很像动物，如像鱼、像龟、像兔子、像松鼠；有的像网络；有的像花簇，鬼斧神工，惟妙惟肖，令人叹为观止。大自然的神奇之手把黄蜡石的色与形配合得天衣无缝，其精妙之处难以言语。如再配上合适的架座，可谓天赐佳品。

黄蜡石形状多样，各种形状都有它的精妙之处，但是从收藏投资的角度来看，吉祥物是最好的。

（4）弄清黄蜡石的产地

黄蜡石的质和色是藏品的决定因素，而黄蜡石藏品的形和产地也可提升其价值。

目前，黄蜡石主要出产于广东和广西等地，不同产地有不同价值，所以产地也是黄蜡石藏品价格的决定性因素之一。

黄蜡石的产地不少，广东是较出名的观赏石产地之一，广东各地多有产出，像潮州、台山、阳春等地，都有比较好的蜡石。

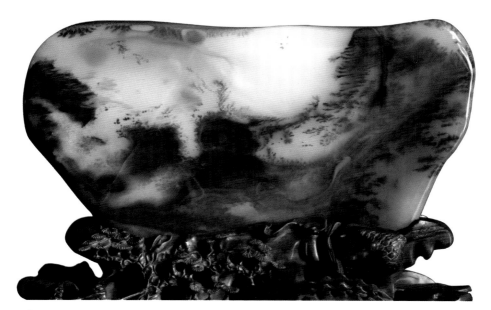

△ 晨曦

云南黄龙玉　38厘米×20厘米　朱旭佳藏

广西八步出产的黄蜡石也有佳品，广西除八步外，柳州、贺州、钟山、金秀等地所产蜡石质地也有不错的。

目前被热炒的黄蜡石主要是来自云南。我国不少玩石家认为质量最优的"黄蜡石"产于广东潮州、饶平和广西八步等地，近年发现广东台山所产的黄蜡石也不亚于潮汕蜡石，而且色彩更加鲜艳、丰富。在众多产地中，黄蜡石佳品并不是仅在一地出产。

△ 志

玛瑙石　18厘米×13厘米　王启元藏

（5）选择黄蜡石投资的最佳时机

在经济不景气时，往往是购入的好时机。投资者认清黄蜡石市场需求客观支撑下石价可能快速反弹而抓住购石时机，此时投资者应对黄蜡石市场发展趋势作出基本判断，把握好时机才是上策，这对黄蜡石市场大环境的判断是至关重要的。

对于那些手中已有黄蜡石藏石而想要以石养石的收藏者来说，是否选择购置新石则要量力而行。毕竟，现在整体市场的观望气氛浓烈，买涨不买跌是投资者的惯常心理。这就要求投资者在选择投资黄蜡石时要密切关注市场，详细分析黄蜡石在市场上的价格走势，要精挑细选后投资，在适当的时候买进，在恰当的时候出手，这样才能获取最佳回报。

（6）把握黄蜡石的市场趋势

该藏品是否具有现在未被重视，而在将来被重视的特质？如果有，那么现在购进其增值空间就大。

由于藏石是属于非必需的消费品，其消费量往往受到个人收入增减的影响。因此经济不景气会削弱藏家的实力，限制他们的购买欲望。

但中国的黄蜡石市场有些特别，就高档观赏石而言，总供应量是不会增加的，而需求人数却迅猛增加。不光中国内地，凡中华文化圈的国家和地区，甚至连欧美人士也青睐中华赏石。上品石价格长期稳步上升也就理所当然，这种稳定性表现在经济周期的各个阶段，包括在经济滑坡时，精品、名品石价格不降反升。

（7）综合考虑升值因素

需要综合考虑的升值因素，除了上述因素，还有品牌意识、名人效应、系列收藏等因素也很重要。

社会承认名家，市场则承认品牌。所谓品牌主要包括社会知名度和历史知名度两项内容。那些在电视、书报、画册、展评中经常露面并获过大奖或被历史上的名人收藏过的黄蜡石，其增值的空间就大。

此外，要考察投资的黄蜡石在质、形、色、纹、韵几方面的情况，这几个方面越完美，经济价值就越高。

另外，还要看这种藏品的需求热是否可以形成，一旦形成，其市场供应量是否会迅速增加，如果预测到了这种市场供应量会增加的趋势，其盈利的上升空间就较小。这是收藏投资者应该明辨的。

△ **笑口常开**

湖南江华铁包金　32厘米×30厘米　郑万生藏

第五章

观赏石的收藏技巧

一
收藏要了解价值

　　观赏石收藏家说，不收藏石头，不会领悟到自然的真谛、欣赏到自然的美。它的色、它的形、它的貌、它的图、它的意、它的奇，它的结构、它的意蕴、它的昭示、它的珍奇，无不给人以美的、自然的乐趣。

　　藏家得到一块好石头，心中的喜悦无法用词语表达，心烦时，看看案头、眼前、桌旁的石头，思绪会因此延伸得很远，喧嚣烦恼被恬淡和宁静熏染，心境渐渐明朗舒缓。这是收藏观赏石的快乐。然而，观赏石收藏又不仅仅是为快乐而藏，观赏石的收藏是有方法和技巧的，只有收藏得法，收藏才会事半功倍。

△ **世外桃源**

三峡石　93厘米×58厘米　魏昌桥藏

△ **千山染霞**

三峡石　55厘米×52厘米　魏昌桥藏

　　一方观赏石，或大隐于荒漠之中，或埋没于卵石之间，本来是没有价值可言的，但一经人们的发现和发掘，便赋予了它劳动的价值，此时它便具有了最初始的价值；再观其画面，如果它符合人们的审美观念，那么它就具备了审美价值，显然这个价值就可能高出第一个劳动价值，甚至是它的十倍、百倍、千倍。

　　观赏石不是在谁的手里都能够卖到好价钱的，你发现一方观赏石，带回家中，只是觉得它看着好，但是好在哪里，你并不知道，你发现不了它的审美和艺术价值，别人给你100元钱，那就高兴地出手了。当有人提醒你卖低了，你还说，不就是块石头，而别人转手卖了1000元甚至10000元。为什么呢？因为别人见识高，人家读书、经历世事就能创造价值。

不承认观赏石价值的人不外乎两种：一是根本不懂观赏石艺术；二是故意贬低。这种人也是两种：一是妒忌，二是想捡漏，或兼而有之。

懂得观赏石的价值了，才有眼力和魄力敢于大胆投入。如福建的李群就善于利用全国性观赏石大展，收藏的精品越来越多，品种奇全，他猛抓观赏石精品，成为福建乃至全国的藏石大家。

柳州市高津龙2003年"非典"期间，抢购了一大批以"盘龙"为代表的大化石精品。还有天津宝成集团斥巨资购买国宝灵璧石4000余块，花4亿元建造宝成观赏石博物苑。

这方面的事例很多，充分体现了藏家的惊人魄力、战略眼光，更体现了他们对观赏石收藏价值的了解，所以呈现出了藏石大家的风范，也为初学者走上藏石成功之道提供了有益启示和更多思考。

启示就是，出现赏石精品、绝品并处于高价位的情况下，是看得准、抢得紧、买得狠，还是迟疑不决、举棋不定？这两种心理，两种表现，实质是价值判断和个人魄力的问题。有魄力的人看到的是石缘必须可求，得到的是快乐与藏石升值的机会。所以说成功的秘诀就是具有善于发现机会和抓住机会的能力。

赏石、藏石现已同古玩、玉瓷、字画一样，成为大众化的休闲娱乐生活和"赚钱致富的渠道"，发展之快，人数猛增，都是始料不及的。眼力、实力、魄力，同玩字画古董的"练眼、玩钱、拼胆"可谓外别内通，一脉相承，这就是收藏要想成功，必先了解价值。

△ **东方红**

三峡石　32厘米×28厘米　魏昌桥藏

△ **仙境**

三峡石　40厘米×33厘米　魏昌桥藏

△ **悟能修道**

玛瑙石组合 关明辉藏

二
观赏石收藏三境界

学问博大精深，近人王国维总结学问有三境界："昨夜西风凋碧树，独上高楼，望尽天涯路。""衣带渐宽终不悔，为伊消得人憔悴。""众里寻他千百度，蓦然回首，那人却在，灯火阑珊处。"这可谓学问中人甘苦之论。

收藏之藏学又何尝不是博大精深？艺术品、瓷器、古董文物不论，仅仅观赏石收藏的学问，也不比人文社科领域中的任何一个学科简单，且收藏学是走不了捷径的，绝对是有多少付出，才能有多少成果，当然其中不排除才华、悟性和灵气的作用，只是相对于哲学、经济学、文学等而言，藏学的进步和成就，更需要勤奋和执着，更体现了有一分耕耘就有一分收获的哲理。

△ **白猴醉酒**

戈壁石组合　18厘米×8厘米　关明辉藏

△ 白狗

文石　25厘米×15厘米　关明辉藏

　　既然观赏石收藏之学是一门浩大的学问，那么学问的三境界当然也包括了观赏石收藏之学的三境界，或者说，观赏石收藏之学也有一个三境界。

1 | 观赏石收藏的第一境界是带着好奇和探究的心理步入收藏之途

　　看到自己喜欢的观赏石，萌发收藏之意，在懵懂中步入收藏的大门，然而，漫漫长途，浩浩时空，收藏的目标何在？该选择何种收藏方向？在茫然和迷惑中，真有一种"心事浩茫连广宇"的渺茫和凄清，真是"独上高楼，望尽天涯路。"

　　一枚观赏石从被石农发现，到最终摆上藏家的案几，其间要经过几个环节的包装和增值，这个过程是观赏石观赏价值不断发掘的过程，也是观赏石交易价格不断攀升的过程。根据观赏石在市场流通的一般顺序，收藏家将观赏石交易价格划分为三个层次：石农价、石商价和藏家价。

观赏石收藏的第一境界相当于是石农价。

石农价是指观赏石产地的人们把自己捡拾的石头对外出售的价格。因为身在产地的优势，石农获取观赏石的代价一般都很低，尤其是在该石种被发现初期，资源非常充足，石农付出的代价只是弯腰捡拾和运送回家。

由于大多数石农缺乏基本的鉴赏知识，在其心目中观赏石与大白

△ **梦里老家**

三峡石　49厘米×41厘米　魏昌桥藏

菜等同，出售的价格非常低廉，全无惜香怜玉之意。如早期的戈壁石，牧民们从山上收集一卡车珍贵的沙漠漆只能得到几百元报酬，不及现在一枚中低档戈壁石的价格。

随着资源的日益匮乏，石农获取观赏石的难度越来越大，其出售价格也在逐渐上涨，但石农价仍然处于观赏石交易链的最底层。

一位收藏家说开始关注寿山石时起点高，先奔赴石友心中的圣地福建寿山自费扫盲，一圈走遍了寿山乡、特艺城、藏天园、樟林村，看遍周宝庭、王祖光、林清卿、林飞等大师的作品。数日观览自感学问见长，回到北京在一个熟人开的店里出手数千元买下三块美石，爱不释手。

一日，他在一位前辈面前炫耀，老先生欲言又止，待他心理准备充分后，一语道破天机，只有一块芙蓉石手把件是真的，而且市场价不过800元。

所以，石农价是玩石的初级阶段，该阶段主要的任务是交学费买眼力。玩石者初学乍练却生猛无畏，敢将鹿目田当田黄买，将岫玉当成荔枝冻。

2 | 观赏石收藏的第二境界是研究

观赏石收藏之学不比任何一个学科简单，就体现在研究上。世界上对某一学科的学问了如指掌的专家学者可谓成千上万，但世界上没有一个观赏石收藏家敢称对观赏石收藏之学了如指掌的。

观赏石收藏之学是一个无比浩瀚的海洋，从最浅的层次说，世界上有哪一个

观赏石收藏家能够对世界上各国的每一种观赏石都认识，能够讲出它的来龙去脉的？没有。

学无止境、观赏石收藏之学无涯正是观赏石收藏学最真实准确的写照。"衣带渐宽终不悔，为伊消得人憔悴"正是观赏石收藏之学的真实写照。

观赏石收藏的第二境界相当于石商价。所谓石商价，是指专门从事观赏石贩卖、交易的商人出售观赏石的价格。石商是沟通产地与市场的桥梁，他们以观赏石交易为生计，从石农手中购买石头，再包装一番推销给藏家，类似媒婆的角色。

石商价处于观赏石交易链的中间层，但石商承担的经营成本和经营风险却是最大的，做媒婆只需一张花言巧语的嘴巴，石商却要先行买断，能否寻个好人家还要再说。藏家的成熟和挑剔、精品货源的匮乏、成本的增加、信息的透明等因素，不断挤压着石商的生存空间。

△ **百宝滩**

三峡石 50厘米×42厘米 魏昌桥藏

　　观赏石收藏的第二境界也是玩石的中级阶段。这一阶段，收藏者卧薪尝胆，读书走路，苦学多年，已能够分辨主要石种，敢于大胆出手买下观赏石。

　　玩石的中级阶段主要特征是石多、钱少。此时数年的摸爬滚打已经练就了一双火眼金睛，结交了一批石友石贩，有空就去店里品茶斗石聊天，你家我家，谈天说地，倒也爽快。石贩有了好东西或电话相邀或送货上门已是常态，有钱则买，没钱则惦着。

△ **芳草地**

三峡石　43厘米×53厘米　魏昌桥藏

3 ｜ 观赏石收藏的第三个境界是无为无不为的绚丽归于平淡

很多人在收藏上忙乎了一辈子，最终一事无成，就是因为没有进入第三境界。其实，只要我们看一看，世界上每一个领域中取得辉煌成就的人物，他们都是"专攻一项（或少量几项），不及其余"的，他们都非常专一、执着，风格简洁，绝不泛滥，也不拖泥带水，他们像钉子一样，深深钉入他们的专长项目，心无旁骛，目不斜视，这样他们得以攀登到他们那一领域的最高峰。

其实，这正是伟人与凡人的区别。为什么说伟人也是平凡的人呢？就是因为平凡人和名人的智商、才能、知识、勤奋也许并没有多少差别，但最大的差别就是名人是钉子，而平凡人是木板，伟人集中精力在一点上向最深处开拓挖掘。而平凡人是木板，他们分散精力四处出击，将力量平铺直叙在所有的地方，什么都懂一点，却不深刻；什么都有一点，就是没有在某一方面超越他人的独特之处；什么都知道一点，似乎渊博，其实他知道的是人人都知道的。于是名人的钉子轻易地就能穿透平凡人的木板，脱颖而出，鹤立鸡群。

观赏石收藏的第三个境界等同于藏家价，即是观赏石收藏者转让观赏石的价格，这无疑是观赏石交易链的顶端。藏家的石头多是从市场精心挑选购买的，其观赏价值在藏家日夜赏玩中得到最大限度的挖掘，藏家也对其将来的市场价格抱以巨大期望，市场上屡创新高的惊人报价多来自藏家，倾城丽人谁也不肯轻易割爱。

△ 玉观音

玛瑙石　11厘米×10厘米　关明辉藏

△ 柏拉图

戈壁石　6厘米×4.5厘米　关明辉藏

但有时产地资源采尽，石价暴涨，而一些早期藏家已经很满意其藏石的增值幅度，也会以低于石商价甚至石农价出手，这对稳定石价又会起到适当的调节作用。

观赏石收藏的第三个境界也是玩石的高级阶段。正如有首歌中唱到的"不经历风雨怎么见彩虹"，交了不少学费，撑过三五年，终于过渡到了高级阶段。此时的特征是与石为友，气定神闲。就同开汽车一样，前三年练的是技术，后三年练的是心态，火气已过，心归平淡。

△ 发鸠山

灵璧石　关明辉藏

收藏就是这样。在中国，收藏爱好者约有5000万，真正出成就的不及万分之一，不是他们勤奋不够，或者财力不够，而是方法和理念落后，大多数人是看到别人收藏什么自己就收藏什么，还有很多人是见到什么就泛泛收藏什么，不懂得有所不为才能有所为。

当然，泛泛收藏也是收藏的一个过程，是必需的，因为收藏经验对收藏进步是非常必要且有益的，而且泛泛收藏也是体验收藏之乐中的绚丽色彩。泛泛收藏是收藏中的第一和第二境界，如果说这一境界是绚丽的，那么收藏的第三境界就是绚丽归于平淡的境界。平淡的境界必须有绚丽作为铺垫，就和红花也有绿叶辅同理。

在上述三个境界中，角色也不断发生着变化。有些石农为获取更大利润，会直接进入市场成为石商；有的藏家为降低购买成本，经常深入产地搜寻中意的石头；有的藏家以石养石，兼为石商。

所以，三个价值层次的三类人，其身份往往互相转化，但最大的相同之处是，他们最终往往都成了藏家，或由藏家转化为石商。

△ 熊猫宝宝

绿碧玉、玛瑙石组合　关明辉藏

云锦

三峡石　50厘米×42厘米　魏昌桥藏

三

观赏石的交易类型

　　在每个层面的交易中，由于客观环境和交易双方主观思想的变化，又会出现不同类型的交易情况，藏家大体可归纳为市场价、友情价、钟情价、捡漏价和大头价五种价格类型。

　　市场价是指观赏石在市场流通交易时，某一时期或某一地域内大家普遍认可的价格；友情价是指交易双方在友情的基础上，以明显低于市场价转让的价格，是慷慨之义，这两种价格类型很容易理解；而钟情价则是一种有趣的交易类型。

△ 远航

三峡石　57厘米×47厘米　魏昌桥藏

一位重庆藏家提出的钟情价很有趣，买家见石钟情，非买不可，卖家欲卖还留，半遮半掩。黄金有价石无价，有经验的石商，总要雕刻精美的底座，备好吉祥的说辞，把观赏石装扮得精致可人、缥缈虚幻。既有钟情者，卖家便咬得住价格，如果买家不能藏拙，被卖家揣摩出心意，自是难逃点杀。

所以观赏石的报价多是虚晃一枪，摸清买家底细后自有不同的策略，这是卖家的功课。倘若卖家眼高手低，把平常的石头扮作精品，把稻草说成了黄金，不但惹不来钟情，只怕经营难以维持。

△ 梅园
三峡石　50厘米×47厘米　魏昌桥藏

不是每个女子都寻得如意归宿，不是每块顽石都有人钟情，这钟情二字实在是可遇不可求的良缘。

捡漏价就是以很低的价格买到价值很高的观赏石，漏在成交价与其观赏价值或者经济价值的巨大差距，就如牛郎娶了织女，卖油郎独占花魁，原本不可能的事情竟然美梦成真。

大头价是冤大头的意思，花钱买了伪劣假石，或者毫无收藏价值的石头，可戏称为大头价。大头价多发生在初涉石道的石友身上，由于缺乏基本鉴赏知识，加上利益的诱惑和盲目的热情，使得很多石友在藏石初期不能保持冷静的心态，被不良石商蛊惑，掏了银子买了教训。

观赏石作为不可再生资源，天然精品非常稀少，有些不良石商为了牟取暴利，不惜采用切割造型、粘接组合、打磨抛光、钻空镶嵌、烧烤涂油、化学褪色、染料浸色和用酸溶蚀作假石皮等多种手法，制造出假图案石、假造型石、假矿物晶体、假生物化石等形形色色的假石，扰乱了正常的市场秩序，损害了赏石文化的声誉。

在收藏界，大头价也叫交学费。观赏石收藏需要交学费，著名观赏石收藏家刘东禧的家就是一个石头博物馆，不仅院子里摆满了石头，客厅、卧室、餐厅都放满了石头，甚至连床底下、房梁上都专门弄了架子放石头。刘东禧收藏观赏石十多年，谈起收藏成就，他会笑着说："这是交了很多学费换来的。"

△ **香山红叶**

三峡石　35厘米×35厘米　魏昌桥藏

可见，名人都有交学费的经历，更何况普通的收藏者。为了避免缴纳昂贵的学费，初级收藏者一定要坚持"多看少买"的原则，多看可以多积累经验，少买才能少头大。在多看的过程中细观观赏石特征，感悟观赏石意境，揣摩商家心理，积累观赏石鉴赏知识，逐渐形成适合自己的赏石观。良好的心态也是避免花冤枉钱的法宝，有疑问的石头不买，不熟悉的石种慎买，超过经济承受范围的石头少买。

五种类型的观赏石交易价格，买家最喜捡漏，卖家独爱钟情，以何种方式成交，全看交易双方的心态。

　　纵向的石农价、石商价和藏家价三个价位层次和横向的市场价、友情价、钟情价、捡漏价、大头价五种交易价格类型，基本涵盖了当前观赏石交易的特点。

　　市场价基本由石商价操控，友情价多发生在相熟藏家之间的藏品转让，钟情价一般出现在石商价中，捡漏价多在石农价中实现，大头价则处处有陷阱。还有石友提出拍卖价和外贸价概念，其实拍卖价就是钟情价的极端反映，由一人钟情变为多人钟情，更为奇货可居；而外贸价是在与国外石友石商交易时，参考国外市场价格所定之价，属于市场价范畴。

　　顽石以奇胜金玉，奇在无同样之态，妙在无一定之价。如何使交易价格与自己的心理价位差异最小化，是买卖双方都在苦思冥想的课题，正是藏家和商家的博弈。

△ 莫高窟

构造石　12厘米×12厘米　关明辉藏

四
观赏石收藏中的捡漏

观赏石捡漏的事例很多，当大多数人对观赏石的经济价值和观赏价值缺乏客观认识的时候，给那些独具慧眼的藏家创造了丰富的捡漏机遇。

如专家估价9600万元的"岁月"观赏石，据说最初赵先生只用极低的价格便从石友手中购得，这足够那位石友抱憾一生了。

荆州石友胡先生花费不足百元购买的两块带有枝干的梅花玉，居然很快就有人出价万元求购其一。

被估价1.3亿的"雏鸡"也应该算作是捡漏，那可是张靖先生从料石堆中偶然发现的稀世珍宝。很多石友喜欢在几元一块的戈壁石堆中挑选，每当找寻到一枚心仪的美石，喜悦之情难以言表，虽然不见得增值多少钱，但这份喜悦的收获远超过金钱，这是精神上的捡漏。

△ 生机勃勃

三峡石　32厘米×36厘米　魏昌桥藏

△ 古树攀崖

三峡石　55厘米×68厘米　魏昌桥藏

观赏石捡漏要具备一定的审美修养、丰富的鉴赏经验和对市场价格的准确把握。审美修养高就能够迅速判断出观赏石所蕴含的艺术观赏价值，丰富的鉴赏经验有助于鉴别观赏石真伪和稀有程度，熟悉市场价格才能决定是否出手。

观赏石捡漏也离不开特定的客观条件，除了赏石知识的储备，更要善于寻找机遇。买家捡漏的，一定是卖家出了问题，或是卖家不懂得鉴赏良莠不分，或是卖家做的无本生意给价就卖，或是卖家新进的货未曾仔细甄别，或是卖家经营不善甩卖藏品等。

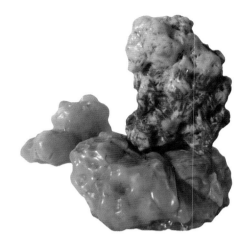

△ **老人与猫**
戈壁石组合　9厘米×7.5厘米　关明辉藏

捡漏还要坚持腿勤手勤眼勤嘴勤，幸运总是眷顾准备充分的石友，赢得美人芳心少不了多献些殷勤。

桂林石友黄伟光于此颇有心得：第一，勤逛市场有惊喜，不管是地摊还是高档店铺，不论刮风下雨还是天寒地冻，都要坚持去市场溜达，常有意外收获；第二，细观角落勿遗漏，逛市场切忌走马观花，一石一石细细品读，角落处也许大有文章；第三，勤摸顽石发现多，往往一摸之下，或者一次不经意的摆弄（如调换一个角度），就会产生一个"伟大"发现。第四，嘴勤亦须识时务，有时嘴勤可多了解一些信息，有时则需要不动声色，于无声处笑纳美石。

捡漏主要靠发现的眼力。练就一双火眼金睛，是开始玩石必经的长期过程，眼力如何是玩石、赏石、藏石的基本功。眼力好、眼力高，就会在觅石、赏石实践中，不断发现"好石头"，就会不断挖掘其内在实质（即艺术价值），就会不断捡漏，增加收藏的经济价值。

那么，要提高赏石的鉴别鉴赏的眼力，提高捡漏能力，其主要途径有以下几个。

1 ｜ 学习知识

学会掌握某种或某类观赏石的地质构造和鉴别方法知识，以及基本特征和主要特点，赏石基本特征一般为形、质、色、纹、声韵等方面，如灵璧石的主要特点：形表现为瘦、皱、漏、透，声如青铜色如墨玉，质则温润如凝脂，手感特别好。

有人把石友藏石精品多归结为石缘好，其实，石缘也靠平时文化的积淀。常言道，机遇总是给有准备者的。中国观赏石协会副会长、东莞市观赏石研究会会长祁荣驹的森晖自然博物馆规模大，精品多，这么多精绝的观赏石，他是如何都收揽到他的石馆的呢？

其实，这与他孜孜不倦的学习精神相关。了解祁荣驹的人说，几十年来，祁荣驹几乎每天早上四五点钟就起床看书，学习观赏石收藏的有关知识。

观赏石涉及的知识面极广，文学、艺术、美学、历史、地理、地质学、天文学等各门各类的知识都用得上。学习赏石专业理论书刊和专题文章，这是理论学习的主要途径。

△ **奇参**

水晶石　23厘米×13厘米　关明辉藏

△ 求安心

戈壁石 关明辉藏

2 | 实践锻炼

要同有经验的赏石老师或享有信誉的专业人士在实际购石中不断地比较、辨别，以锻炼眼力，把理论知识与感性认识有机结合，这样对以后单独选购观赏石特有好处。

3 | 展示交流

这是纠正不足、提高眼力十分有效的方法。通过一些展示、展销、评比等活动，多听专家意见，多看参展得奖作品，对照自己的藏品，进行分析、比较、研究，虚心求教，保持良好心态，不骄不躁，持之以恒，眼力也会提高很快，并轻易实现捡漏。

五
图案石的收藏

　　图案石也称画面石，精美的画面夺人眼球，石种、石质、石形只要别太差就行了，所谓瑕不掩瑜就是这个道理，离开画面空谈什么石种、石质、石形、水洗度就没意思了，只要画面精美，就是精品或极品。假如要给一方画面石打分，那么画面的比例应该是70%，石质10%，石形10%，水洗度10%。

　　观赏石中的图案石以其丰富的造型、变化万千的形式和逼真的效果，使收藏者爱不释手。图案石在观赏石市场较多，但觅得一块上品图案石也绝非易事。图案石的收藏要把握如下方面：

△ **银蛇出洞**

玛瑙石组合　12厘米×9厘米　关明辉藏

1 | 看其造型是否准确传神

观察具象图案石，不仅要看其画面的整体效果，还要看其造型是否准确，形态是否逼真、传神。不论是人物造型还是动物造型，在形体比例得当的情况下，如能具有活灵活现的眼睛，则更显现了观赏石的灵性。其他景物的造型，则要看其是否能再现大自然的勃勃生机和活力。

△ **长征**
三峡石　52厘米×45厘米　魏昌桥藏

2 | 看抽象图案石的意境

一块具有动感的图案石，向人们展示了生命的存在，容易感染人、振奋人。抽象图案石大多动感强烈，变化无穷，或行云或流水，又如烟如雾，使观者目不暇接，如坠云雾之中。由于其构图既简单又复杂，且变化难测，莫衷一是，所以使许多人失之交臂。其实，这正是抽象图案石的绝妙所在。它来源于自然，天地之手又巧妙地把它融合成神话般的意境，使人神往，令人陶醉。

△ **海市蜃楼**
三峡石　38厘米×41厘米　魏昌桥藏

3 | 看石质和石形

石质差，硬度不够的图案石容易损伤，不易保存和收藏。而石形不稳定，头重脚轻或三尖六棱之石，总给人不悦之感。另外，对残缺或图案不完整之石要慎重处理。

觅一块石质和石形满意的图案石确实不易，佳石到手，要好好珍藏。

△ **百万雄师过大江**
三峡石　86厘米×76厘米　魏昌桥藏

4 | 要观察其构图是否合理

　　图案石与书法、绘画等艺术一样，构图是首位的问题。不论图案是人物、动物或景色，都应该表现在石头的中心部位。如果图案偏在石头一侧，而石头的大部分是空白的，图案即使漂亮，给人的感觉却不舒服，犹如原应戴在胸前的一朵花，却戴在了背上。

5 | 看图案的色彩与石头底色之间的反差

　　色彩反差越大，图案越清晰，夺目感越强，主题才能越鲜明，给人的印象才越深刻。同一色的图案石，色彩要有深浅变化。色彩没有反差且又无变化的石头，是不应在收藏之列的。

　　还要看图案是由几种色彩组成的。一般来讲，无论是灵璧图案石还是卵石图案石，两种色彩或一种色彩的比较多，三种色彩的图案石较少，而四种以上色彩的图案石非常罕见。

　　图案石往往由多种色彩组成，但尤以蓝、绿为尊贵，因为这两种色彩的图案石太难觅到。有藏家收藏到一块由蓝点构成的图案石，虽说图案简单，但也视若珍宝。

△ 舞

玛瑙石　6厘米×5厘米　关明辉藏

△ 猎取

三峡石　22厘米×20厘米　魏昌桥藏

△ **九仙山**

绿碧玉　12厘米×9厘米　关明辉藏

△ **草原月夜**

巴西石　4.5厘米×3.8厘米　关明辉藏

△ 雀之灵

欧泊石　11厘米×7厘米　关明辉藏